まんがを
算数に

なぞ解きミステリー さんすう刑事ゼロ

編／NHK「さんすう刑事ゼロ」制作班　漫画／永地

角川まんが学習シリーズ

本書《ほんしょ》の目的《もくてき》

「算数《さんすう》ってなぜ必要《ひつよう》なの？」「算数《さんすう》って見《み》るのもいや！」と思《おも》ったことはありますか？　難《むずか》しい公式《こうしき》を覚《おぼ》えたり、複雑《ふくざつ》な計算《けいさん》をするのって大変《たいへん》ですもんね。でも、実《じつ》は算数《さんすう》って結構《けつこう》面白《おもしろ》くて、日常《にちじよう》の場面《ばめん》でも何《なに》かと役立《やくだ》つものなんです！「さんすう刑事《けいじ》ゼロ」は、そんな算数《さんすう》の意外《いがい》な魅力《みりよく》に気《き》づいてもらうための本《ほん》です。だから、難《むずか》しく考《かんが》えずにただ、楽《たの》しくまんがを読《よ》んでみてください。まんがの舞台《ぶたい》「警視庁《けいしちよう》さんすう課《か》」には、二人《ふたり》の刑事《けいじ》がいます。一人《ひとり》は熱血《ねつけつ》マンだけど、ちょっと算数《さんすう》が苦手《にがて》な新米刑事《しんまいけいじ》イチ。もう一人《ひとり》は試行錯誤《しこうさくご》を繰《く》り返《かえ》して事件《じけん》を解決《かいけつ》へ導《みちび》く、ねばり強《づよ》いベテラン刑事《けいじ》ゼロ。算数《さんすう》が苦手《にがて》な人《ひと》は、イチと一緒《いつしよ》に悩《なや》みながら、算数《さんすう》が得意《とくい》な人《ひと》はゼロのひらめき力《りよく》と競争《きようそう》しながら、一緒《いつしよ》に事件《じけん》を解《と》いていってみてください。きっと読《よ》み終《お》わった後《あと》、部屋《へや》や教室《きようしつ》を見回《みまわ》すと、時計《とけい》や本棚《ほんだな》、机《つくえ》の上《うえ》……ふだん何気《なにげ》なく見《み》ていた景色《けしき》の中《なか》に算数《さんすう》がかくれていることに気《き》づくはずです。この本《ほん》から、算数《さんすう》が好《す》きになるためのヒントをいっぱい吸収《きゆうしゆう》して、「難《むずか》しくてつまらない」算数《さんすう》が「面白《おもしろ》くてたまらない」教科《きようか》に変身《へんしん》するのをぜひ体感《たいかん》してください。

もくじ

第1回　時計《とけい》のトリックを見破《みやぶ》れ〈対称《たいしょう》〉 …… P.6

第2回　謎《なぞ》の暗号《あんごう》を解読《かいどく》せよ〈素数《そすう》〉 …… P.18

第3回　消《き》えた指輪《ゆびわ》を探《さが》し出《だ》せ〈四角形《しかくけい》〉 …… P.33

第4回　犯人《はんにん》の身長《しんちょう》をつきとめろ〈比《ひ》〉 …… P.48

第5回　タイルの秘密《ひみつ》を調査《ちょうさ》せよ〈しきつめ〉 …… P.64

第6回　宝《たから》の地図《ちず》をよみとけ〈拡大図《かくだいず》と縮図《しゅくず》〉 …… P.79

第7回　入学《にゅうがく》オーディションの不正《ふせい》をあばけ〈整数《せいすう》の性質《せいしつ》〉 …… P.95

第8回　時速《じそく》35㎞の犯人《はんにん》をさがせ〈速《はや》さ〉 …… P.113

第9回　価格《かかく》の“からくり”をあばけ〈単位量《たんいりょう》あたりの大《おお》きさ〉 …… P.129

第10回　分数詐欺《ぶんすうさぎ》のトリックを見破《みやぶ》れ〈分母《ぶんぼ》が異《こと》なるたし算《ざん》〉 …… P.145

ゼロ ZERO

善《ぜん》田《だ》良《よし》郎《ろう》
警《けい》部《ぶ》補《ほ》

ひらめきパワー
★★★★★

警《けい》視《し》庁《ちよう》さんすう課《か》に所《しよ》属《ぞく》するベテラン刑《けい》事《じ》。通《つう》称《しよう》は「ゼロ」。決《けつ》してあきらめない、ねばり強《づよ》い捜《そう》査《さ》がもち味《あじ》。事《じ》件《けん》解《かい》決《けつ》のヒントとなるものを、数《すう》字《じ》のにおいでかぎあてる能《のう》力《りよく》がある。口《くち》ぐせは「あきらめない、あきらめない」。

さんすう課《か》

正《せい》式《しき》には、警《けい》視《し》庁《ちよう》生《せい》活《かつ》安《あん》全《ぜん》部《ぶ》分《ぶん》室《しつ》さんすう捜《そう》査《さ》課《か》。世《せ》間《けん》でおきる数《かず》々《かず》の事《じ》件《けん》をさんすうで解《かい》決《けつ》する部《ぶ》署《しよ》。

ター紹介《しょうかい》》

イ ICHI チ

一《いち》之《の》瀬《せ》翔《しょう》太《た》

巡《じゅん》査《さ》

がむしゃらパワー

★★★★★

さんすう課《か》に最近《さいきん》配属《はいぞく》された新人《しんじん》巡査《じゆんさ》。通称《つうしよう》「イチ」。視力《しりよく》3.0。学校《がつこう》の算数《さんすう》は苦手《にがて》だったけれど、意外《いがい》なひらめきで事件《じけん》解決《かいけつ》のきっかけを作《つく》ることも！ 純粋《じゆんすい》でまっすぐな性格《せいかく》。でも、早《はや》とちりで空回《からまわ》りすることも…。

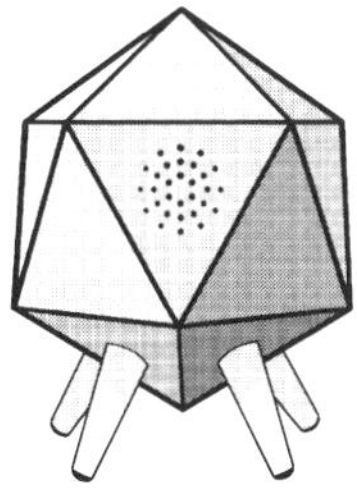

主《しゆ》任《にん》

さんすう課《か》のボスで、ゼロとイチの上司《じようし》。でもその正体《しようたい》は謎《なぞ》につつまれている。いつも正《せい》二《に》十《じゆう》面体《めんたい》の通信機《つうしんき》や、タブレットを通《とお》して二人《ふたり》に指令《しれい》を出《だ》してくる。

第1回 時計《とけい》のトリックを見破《みやぶ》れ

〈対称《たいしょう》〉

ピピ
ゼロ!
イチ!
主任《しゅにん》からの指令《しれい》だ!
ゼロ、イチ、事件《じけん》よ
大金《おおがね》持《も》ちの屋敷《やしき》から古《ふる》い貴《き》重《ちょう》なカメラが盗《ぬす》まれたの
犯行《はんこう》時《じ》刻《こく》は昨日《きのう》の20時《じ》から20時《じ》30分《ぶん》の間《あいだ》よ
強盗《ごうとう》ですか!!
それで…容疑者《ようぎしゃ》は?
カメラマンの中《なか》目《め》 中《あたる》よ
これを見《み》て!
パカ

これが中目《なかめ》の
犯行当日《はんこうとうじつ》の写真《しゃしん》よ
ピカー
え、じゃあこの男《おとこ》が？
それがこの写真《しゃしん》…
昨日《きのう》の20時《じ》20分《ぷん》に
2020
犯行現場《はんこうげんば》から80キロ以上《いじょう》
離《はな》れた場所《ばしょ》で
撮影《さつえい》されたものなの
80キロ!?
車《くるま》でも１時間以上《じかんいじょう》
かかりますね…
ゼロ！ イチ！
二人《ふたり》で早速《さっそく》
調査《ちょうさ》してちょうだい！

都内《とない》
撮影《さつえい》スタジオ——
スタジオ中目
はい
笑《わら》ってー
カシャ
カシャ
カシャ
いいね
いいねー！
ってか暑《あつ》い！
冷房《れいぼう》
入《い》れてくれ！
カメラマン
中目《なかめ》 中《あたる》
ちょっと
すみません…
あん？
警察《けいさつ》です
昨日《きのう》の20時《じ》から
20時《じ》30分《ぷん》の間《あいだ》
何《なに》をされて
ましたか？
またその話《はなし》
ですか…？

他《ほか》の刑事《けいじ》さんにもいいましたけど
その時間《じかん》は夜景《やけい》を撮《と》ってました写真《しゃしん》も渡《わた》したでしょ
はい…
でも画像《がぞう》は加工《かこう》できますし…
ちゃんと見《み》てくれた？
…は!? そんなことした覚《おぼ》えないですよ!?
ったく とんだぬれぎぬだ！
これ以上《いじょう》つきまとうと警察《けいさつ》呼《よ》びますよ！
我々《われわれ》が警察《けいさつ》だってての
…ん？
衣装用《いしょうよう》ハンガーが汚《よご》れている…？
先輩《せんぱい》
いったん署《しょ》に戻《もど》りましょ
あ、ああ…

さんすう課《か》
アリバイか…犯人《はんにん》は中目《なかめ》じゃないのかな
あれ？もう5日《いつか》でしたっけ？
まだ2日《ふつか》だよ
鏡《かがみ》か…
あ
そうか！
先輩《せんぱい》!!
ひらめいちゃいました 僕《ぼく》!!

これは２日《ふつか》のカレンダーをひっくり返《かえ》したもの
こっちは５日《いつか》のカレンダー…同《おな》じ数字《すうじ》に見《み》えます！
なるほど
「線対称《せんたいしょう》」だな
中心線《ちゅうしんせん》で折《お》り返《かえ》すとぴったり重《かさ》なる図形《ずけい》を
“線対称《せんたいしょう》”というんだ

中目《なかめ》の写真《しゃしん》に写《うつ》った“20:20”を
鏡《かがみ》にうつすと
20:20
05:05
数字《すうじ》が“05:05”に見《み》えます
中目《なかめ》は鏡《かがみ》を使《つか》って５時《じ》５分《ふん》に撮影《さつえい》したんです！
…イチ　今日《きょう》 何時《なんじ》に起《お》きた？
え？
朝《あさ》の５時《じ》…ですけど…
ラジオききたくて…
早《はや》いな…その時《とき》外《そと》は見《み》たか？
…外《そと》？
あ……その時間《じかん》もう外《そと》は明《あか》るいですね
うむ ５時《じ》には夜景《やけい》は撮《と》れない…
がっくり…
ピラ
ヒラ
ヒラ

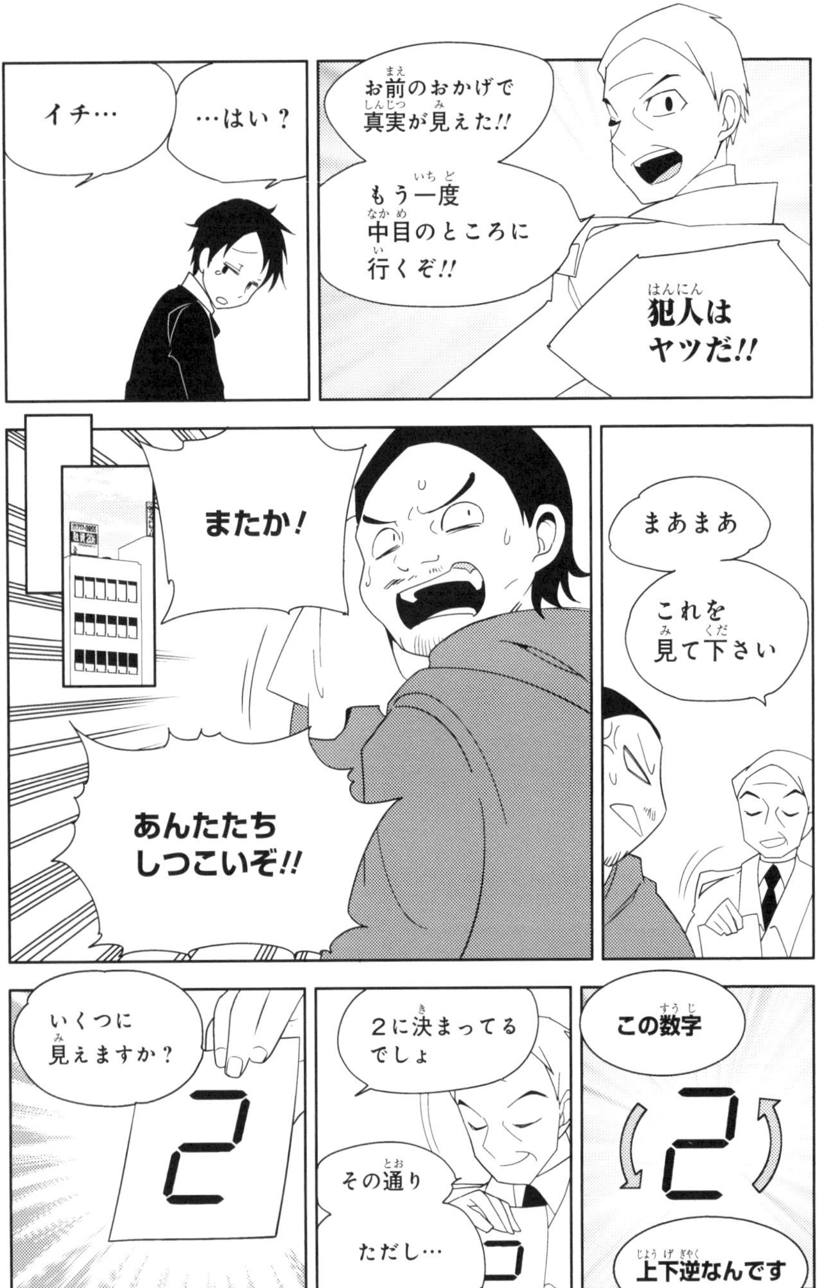

イチ…
…はい？
お前《まえ》のおかげで真実《しんじつ》が見《み》えた!!
もう一度《いちど》中目《なかめ》のところに行《い》くぞ!!
犯人《はんにん》はヤツだ!!
またか!
あんたたちしつこいぞ!!
まあまあ
これを見《み》て下《くだ》さい
いくつに見《み》えますか？
2に決《き》まってるでしょ
その通《とお》り
ただし…
この数字《すうじ》
上下逆《じょうげぎゃく》なんです

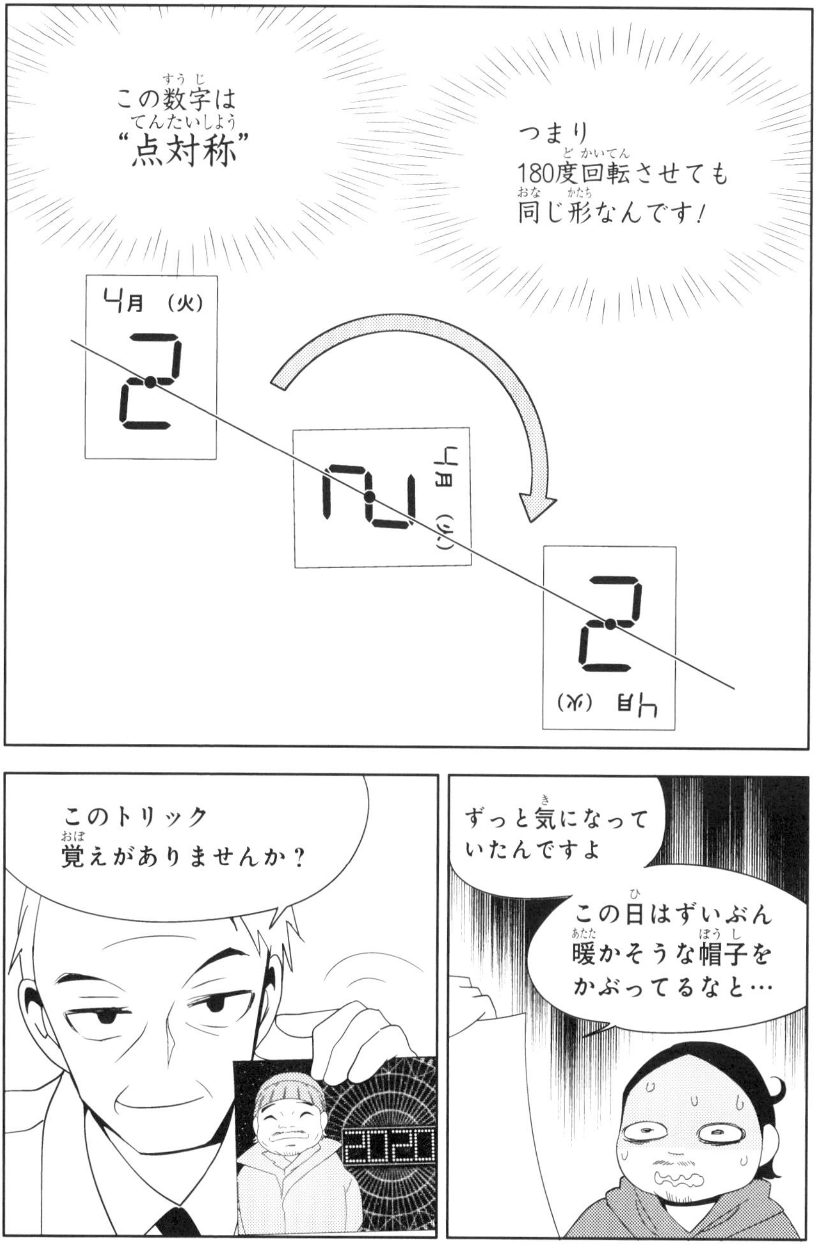
この数字《すうじ》は
“点対称《てんたいしょう》”
つまり
180度回転《どかいてん》させても
同《おな》じ形《かたち》なんです！
4月 （火）
2
このトリック
覚《おぼ》えがありませんか？
2020
ずっと気《き》になって
いたんですよ
この日《ひ》はずいぶん
暖《あたた》かそうな帽子《ぼうし》を
かぶってるなと…

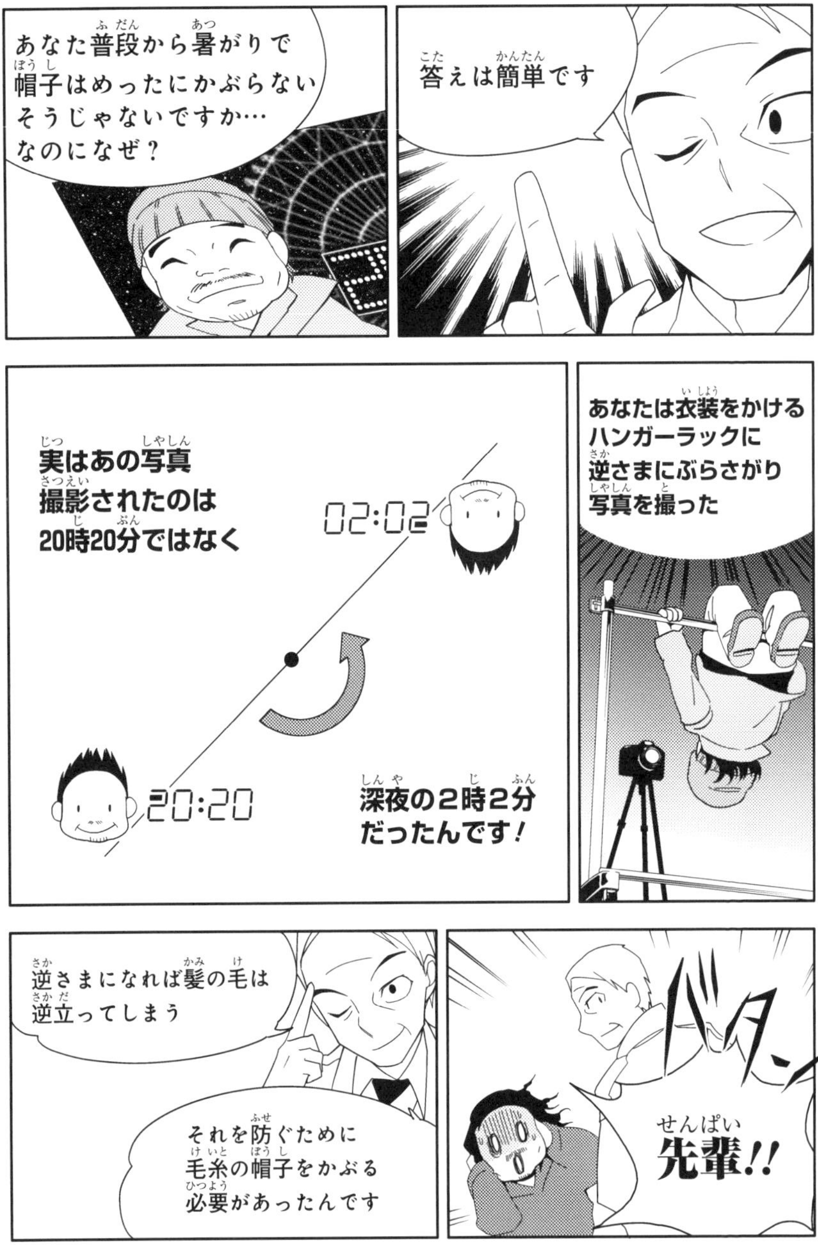

あなた普段《ふだん》から暑《あつ》がりで
帽子《ぼうし》はめったにかぶらない
そうじゃないですか…
なのになぜ？
答《こた》えは簡単《かんたん》です
実《じつ》はあの写真《しゃしん》
撮影《さつえい》されたのは
20時《じ》20分《ぷん》ではなく
02:02
20:20
深夜《しんや》の2時《じ》2分《ふん》
だったんです！
あなたは衣装《いしょう》をかける
ハンガーラックに
逆《さか》さまにぶらさがり
写真《しゃしん》を撮《と》った
逆《さか》さまになれば髪《かみ》の毛《け》は
逆立《さかだ》ってしまう
それを防《ふせ》ぐために
毛糸《けいと》の帽子《ぼうし》をかぶる
必要《ひつよう》があったんです
バタン
先輩《せんぱい》!!

中目《なかめ》のロッカーに
盗《ぬす》まれたカメラがありました!
うわぁああああああ!!
ど、どうしても そのカメラで
撮影《さつえい》して みたかったんだ…!
中目《なかめ》さん
どうやら計算《けいさん》が
甘《あま》かったようですな!!
またひとつ難事件《なんじけん》を 解決《かいけつ》した ゼロとイチ
警視庁生活安全
しかしこれはまだ 「数《かず》」ある事件《じけん》の うちのひとつ
次回《じかい》はどんな事件《じけん》が 待《ま》っているのだろうか

つづく

第2回 謎《なぞ》の暗号《あんごう》を解読《かいどく》せよ 〈素数《そすう》〉

港《みなと》４番倉庫《ばんそうこ》…
ここが盗《ぬす》まれた絵《え》の受《う》け渡《わた》し場所《ばしょ》か…
名画《めいが》ばかりねらった盗難事件《とうなんじけん》もうこれで３件目《けんめ》ですよ
うむ…
…何《なん》です？
いや
数字《すうじ》のにおいがするんだ…
数字《すうじ》…ですか？
あっ
主任《しゅにん》からだ
POLICE

ゼロ、イチ!!
絵画《かいが》盗難《とうなん》事件《じけん》のボスがわかったわ!
POLICE
さんすう
画廊《がろう》のオーナー成宮数美《なるみやかずみ》よ
画廊《がろう》のオーナー
成宮数美《なるみやかずみ》
成宮《なるみや》は手下《てした》を使《つか》って次々《つぎつぎ》と絵《え》を盗《ぬす》ませていたの
彼《かれ》らは絵《え》の受《う》け渡《わた》し場所《ばしょ》を暗号《あんごう》で決《き》めているらしいわ
早《はや》く暗号《あんごう》を見《み》つけて次《つぎ》の受《う》け渡《わた》し現場《げんば》をおさえるのよ!
暗号《あんごう》を見《み》つけるって…どうやって?
あったぞ!
これが数字《すうじ》のにおいの正体《しょうたい》だ!
…なんかきたない紙《かみ》ですね〜一部《いちぶ》汚《よご》れて読《よ》めないし…
2 3
○ △

とりあえず
読《よ》めない部分《ぶぶん》は鑑識《かんしき》に分析《ぶんせき》してもらって
我々《われわれ》は成宮《なるみや》のところへ急《いそ》ぐぞ！
はい！
アート
ギャラリー
成宮
ふふ
これが次《つぎ》の受《う》け渡《わた》し場所《ばしょ》ね
ヒ ○
ジ ○△
バ ○○○
ピンポーン
くしゃっ
ポイッ
いらっしゃいませー
失礼《しつれい》します
警察《けいさつ》ですが…

最近《さいきん》美術館《びじゅつかん》から高級《こうきゅう》な絵《え》が盗《ぬす》まれる事件《じけん》が相次《あいつ》いでいまして…
まあ…!
す…
少《すこ》しお話《はなし》を…
数字《すうじ》のにおい…?もしや…
これだ!
——というわけで
成宮《なるみや》の画廊《がろう》で拾《ひろ》ったこの紙《かみ》が次《つぎ》の受《う》け渡《わた》し場所《ばしょ》の暗号《あんごう》だろうな
さんすう捜査課
ヒ ○
ジ ○△
バ ○○○
え……これが!?

間違《まちが》いない
現場《げんば》で拾《ひろ》った紙《かみ》にも
同《おな》じような
記号《きごう》があったしな
と
言《い》われても
僕《ぼく》にはさっぱり…
あきらめない
あきらめない
まず待《ま》ち合《あ》わせには
何《なに》が必要《ひつよう》か考《かんが》えるんだ
待《ま》ち合《あ》わせ？
えっと…日《ひ》にちと
時間《じかん》と場所《ばしょ》……
あ！
そうだ
犯人《はんにん》はこれで絵《え》の受《う》け渡《わた》し場所《ばしょ》を
指定《してい》していたんだ
ヒ＝日
ジ＝時
バ＝場
でも○や△は？
その暗号《あんごう》を解《と》くカギは
この一枚《いちまい》の紙《かみ》にある
2 3
○ △

倉庫《そうこ》で拾《ひろ》った紙《かみ》…でも汚《きたな》くて
2○3△しか読《よ》めないですし
これじゃ無理《むり》ですよ…
あきらめずに
よ〜く考《かんが》えてみろ
う ー ん
ん?
もしかしたら…
日《ひ》にち(ヒ)は○が1つだから2
時間《じかん》(ジ)は
○と△だから2+3で5
場所《ばしょ》(バ)は
○が3つだから2+2+2で6
2 3
○ △
ヒ○＝2
ジ○△＝2＋3＝5
バ○○○＝2＋2＋2＝6

つまり次《つぎ》の受《う》け渡《わた》しは今月《こんげつ》の2日《ふつか》5時《じ》に行《おこな》われるってことなんじゃないでしょうか!
あ…でも場所《ばしょ》の6っていうのはなんなんだろう…
うーむ…
!!
1
2
3
4
イチ!
あの現場《げんば》の倉庫《そうこ》番号《ばんごう》がついていたよな!?
あ! そうか! これは倉庫《そうこ》の番号《ばんごう》…!
よし! このあいだの倉庫《そうこ》にいくぞ!

6番倉庫《ばんそうこ》
そこまでだ!!
って
あ…あれ？
違《ちが》いましたね…
しょぼん
おかしいな
なぜだ…
う〜ん
ゼロ
先日《せんじつ》の分析結果《ぶんせきけつか》が
出《で》たわよ
ピピッ
ふむ
汚《よご》れた部分《ぶぶん》の結果《けつか》か…
1 2 3 5 7
| ○ △ □ ☆

うーん 他《ほか》の数字《すうじ》がわかってもなあ…
うむ…
まてよ…
ひょっとして
5
…イチ
我々《われわれ》は
大《おお》きな勘違《かんちが》いをしていたようだ
え?
まだ間《ま》に合《あ》う…!
今度《こんど》こそ成宮《なるみや》を止《と》めるぞ!
8
ふふ…
高価《こうか》な名画《めいが》…
またいただきね
これは高《たか》く売《う》れそうだわ…
8

そこまでだ!!
さんすう課《か》…ゼロ
イチ!
お前《まえ》たちを現行犯《げんこうはん》で逮捕《たいほ》する!
…ど
どうしてここが?
あなたの画廊《がろう》で暗号《あんごう》を見《み》つけましてね
まさか…
解《と》いたっていうの!?

少《すこ》しばかり苦労《くろう》しましたが…イチ!
はい!
僕《ぼく》たちは初《はじ》め、数字《すうじ》をたし算《ざん》して暗号《あんごう》を解《と》きました
2○ 3△
ヒ ○ 日2
ジ ○△ 時2+3=5
バ ○○○ 場2+2+2=6
答《こた》えはこうなりました
しかし記号《きごう》を表《あらわ》す全《すべ》ての数字《すうじ》がわかったとき間違《まちが》いに気《き》づいたんです
5を表《あらわ》すのは□です つまり○△は2+3の『5』じゃなかった
そう… この暗号《あんごう》はたし算《ざん》ではなく かけ算《ざん》だったんです
□=5だから
○△の場合
~~2+3=5~~
2×3=6
ゆえに ジ○△=2×3=6 つまり 受《う》け渡《わた》し時間《じかん》は 6時《じ》になる…!

さらに
場所《ばしょ》の○○○をかけ算《ざん》にすれば
2×2×2＝8！
ヒ○＝2
ジ○△＝2×3＝6
バ ○○○ → 2＋2＋2＝6
たす
＋
ポイッ
2×2×2＝8
かける
×
つまり
2日《ふつか》、6時《じ》、8番倉庫《ばんそうこ》
これが暗号《あんごう》の答《こた》えです！
それにしてもこれ…
実《じつ》によく考《かんが》えましたね…
1を除《のぞ》くこれらの数《かず》はすべて——
1 2 3 5 7
| ○ △ □ ☆
素数《そすう》だ

素数《そすう》はいわば、"数《かず》の素《もと》"
素数 2 3 ○ 5 ○ 7 ○ ○ ○ 11……
素数以外の数 4 6 8 9 10
2×2 2×3 2×2×2 3×3 2×5
1を除《のぞ》けば素数《そすう》以外《いがい》の数《かず》は必《かなら》ず素数《そすう》のかけ算《ざん》で作《つく》られている!!
つまり1と素数《そすう》があればどんな数《かず》も表《あらわ》せる…
それを利用《りよう》するためにあなたは素数《そすう》を使《つか》ったんですね!

もう
終《お》わりだ…
がっくり…
私《わたし》たちの負《ま》けよ
刑事《けいじ》さん…
お見事《みごと》ね
絶対《ぜったい》に解《と》けないと
思《おも》っていたのに…
どんなに難《むずか》しくても——
さんすう課《か》が
必《かなら》ず解決《かいけつ》してみせます
それが数字《すうじ》であるならばね

つづく

第3回 消《き》えた指輪《ゆびわ》を探《さが》し出《だ》せ〈四角形《しかくけい》〉

さんすう捜
おっかしいなあ…
どこだぁ？
ガサ
ゴソ
……
チラ
おいイチ
何《なに》探《さが》してるんだ？
定規《じょうぎ》です〜
どっかいっちゃって…
それはお前《まえ》がちゃんと
片《かた》付《づ》けないからだぞ
先輩《せんぱい》に言《い》われたく
ないです！
僕《ぼく》に言《い》う前《まえ》に自分《じぶん》も
片《かた》付《づ》けてくださいよ！
おっ
ゼロ、イチ 事件《じけん》よ！
現場《げんば》は結婚式場《けっこんしきじょう》…
急《いそ》いで向《む》かって!!

結婚式場《けっこんしきじょう》にて——
刑事《けいじ》さん!
け、結婚指輪《けっこんゆびわ》が消《き》えて
しまったんです!
お父《とう》さん…
大丈夫《だいじょうぶ》だ…
新郎《しんろう》　丸井《まるい》優介《ゆうすけ》
新婦《しんぷ》　まなみ
新婦《しんぷ》の父《ちち》　四郎《しろう》
それで指輪《ゆびわ》ケースの中《なか》に
この紙《かみ》が残《のこ》されていて…
拝見《はいけん》します
『平行四辺形《へいこうしへんけい》の中《なか》にある』…
何《なに》かにおうな…
平行四辺形《へいこうしへんけい》の中《なか》にある

平行四辺形《へいこうしへんけい》ってこんな形《かたち》ですよね
犯人《はんにん》はこういう形《かたち》の何《なに》かに指輪《ゆびわ》をかくしたってことですか？
刑事《けいじ》さん
式《しき》まではあと3時間《じかん》しかありません…！
よし！　急《いそ》いで式場《しきじょう》から平行四辺形《へいこうしへんけい》を探《さが》そう！
はいっ
平行四辺形《へいこうしへんけい》
うーん
どこだ…
あ
平行四辺形《へいこうしへんけい》
ありました!!

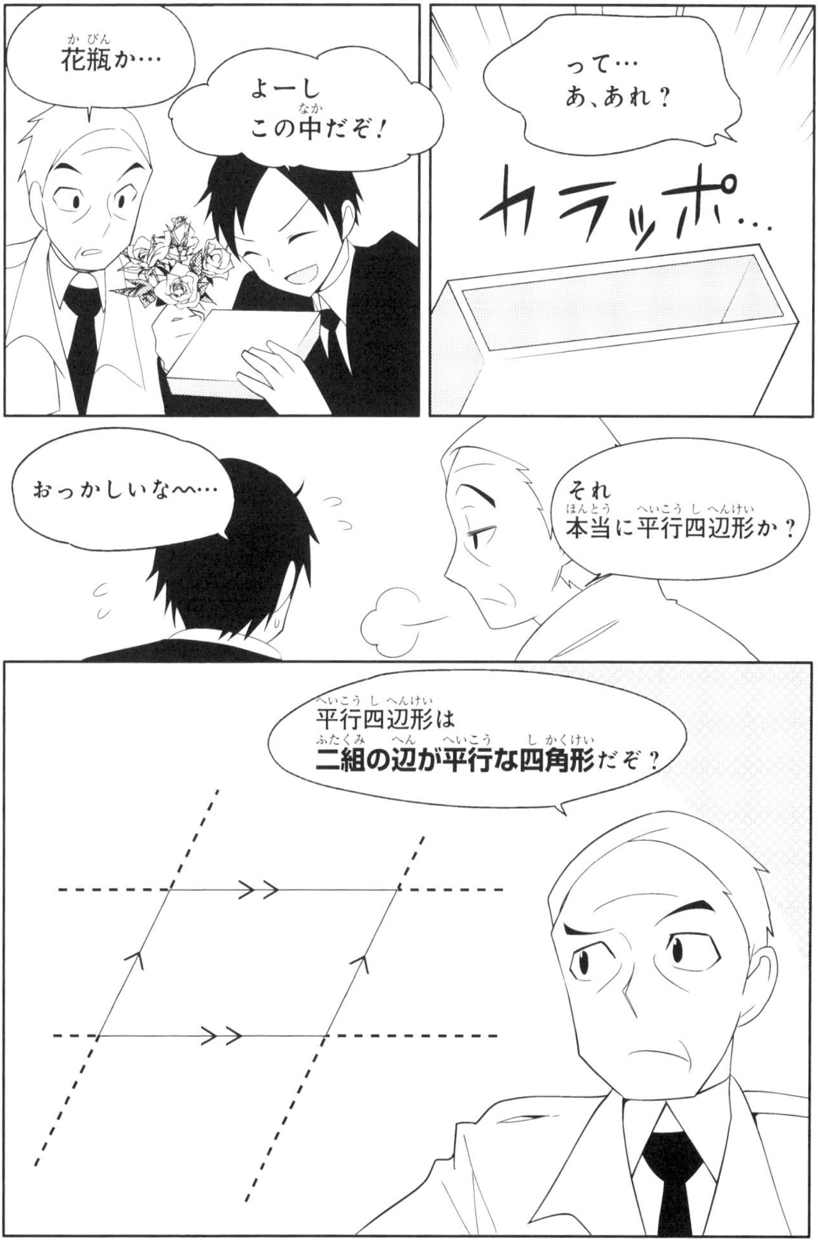
花瓶《かびん》か…
よーし この中《なか》だぞ！
って… あ、あれ？
カラッポ…
おっかしいな〜…
それ 本当《ほんとう》に平行四辺形《へいこうしへんけい》か？
平行四辺形《へいこうしへんけい》は **二組《ふたくみ》の辺《へん》が平行《へいこう》な四角形《しかくけい》**だぞ？

そう見《み》えるんですけど…正確《せいかく》なところは定規《じょうぎ》と分度器《ぶんどき》がないと…
いや…簡単《かんたん》にわかる方法《ほうほう》がある
紙《かみ》を使《つか》うんだ
まず紙《かみ》を半分《はんぶん》に折《お》って
その紙《かみ》を開《ひら》き
今《いま》折《お》った線《せん》にそって紙《かみ》の下《した》のほうを折《お》る
紙《かみ》の上下《じょうげ》をぎゃくにしてまた紙《かみ》の下《した》のほうを折《お》る
紙《かみ》を広《ひろ》げると
こんなふうに折《お》り線《せん》ができる
最初《さいしょ》にたて半分《はんぶん》に折《お》った線《せん》と上下《じょうげ》で折《お》った線《せん》とがつくる二ヶ所《にかしょ》の角度《かくど》は同《おな》じだから
上下《じょうげ》の二本《にほん》の線《せん》は平行《へいこう》になる

そうか！じゃあこの花瓶《かびん》の高《たか》さに合《あ》わせて紙《かみ》を折《お》って…
こうして…っと
花瓶《かびん》の上《うえ》に合《あ》わせると——

あ、平行《へいこう》じゃない…！
う…
優介《ゆうすけ》さん…どうしよう
まなみ 大丈夫《だいじょうぶ》だよ
刑事《けいじ》さん ほかの部屋《へや》も探《さが》してみましょう
わかりました
……
あの額《がく》はどうでしょうか
どこから見《み》ても長方形《ちょうほうけい》 平行四辺形《へいこうしへんけい》じゃないですね…
そうかな？

長方形《ちょうほうけい》も二組《ふたくみ》の辺《へん》が平行《へいこう》だから
平行四辺形《へいこうしへんけい》の仲間《なかま》なんだ
…え!
ということは
箱《はこ》もドアのわくも
本《ほん》もぜーんぶ
平行四辺形《へいこうしへんけい》ですね
たくさんあるから
みんなで手分《てわ》けして探《さが》そう
はい

ないですね…
どうやら
この部屋《へや》じゃない
みたいだな
次《つぎ》の部屋《へや》で
最後《さいご》です
あ！
このケーキは
どうでしょう
でも……
このケーキって
さっきみたいに紙《かみ》を上《うえ》にのせたら
クリームがくずれちゃいそうですね…
どうやって平行《へいこう》か
調《しら》べればいいんですか？
……
それにこれ**ひし形《がた》**
っぽいですし…
平行四辺形《へいこうしへんけい》じゃ
ないですよね

ひし形《がた》…？
そうか なるほど!!
こうしてひし形《がた》を 回転《かいてん》させて見《み》てみると…
ひし形《がた》も 平行四辺形《へいこうしへんけい》の 仲間《なかま》なんだ!!
ひし形《がた》とは 四つ《よつ》の辺《へん》の長《なが》さが 等《ひと》しい四角形《しかくけい》
つまり ケーキの四つ《よつ》の辺《へん》が同《おな》じ長《なが》さなら それは平行四辺形《へいこうしへんけい》ということだ!

よーし!!
じゃあ早速《さっそく》
ケーキの長《なが》さを測《はか》っ…
って…僕《ぼく》
定規《じょうぎ》が
ないんだった…
それなら
これで
シュル…
なるほど
ネクタイか!
測《はか》りますね…
ここと
ここと
そしてここと
ここ

四《よつ》つの辺《へん》の長《なが》さは同《おな》じです!!
ということはケーキはひし形《がた》つまり平行四辺形《へいこうしへんけい》ということですね
うーん…ひょっとして
この飾《かざ》りの下《した》か？
ヒョイ
あった、指輪《ゆびわ》だ！
パチパチ…

お父《とう》さん…!?
実《じつ》は…
指輪《ゆびわ》をかくしたのは私《わたし》なんだ
お父《とう》さんが!?どうして!!
すまない…
私《わたし》は母《かあ》さんが亡《な》くなってからお前《まえ》を男手《おとこで》ひとつで育《そだ》ててきた
大切《たいせつ》な一人娘《ひとりむすめ》を本当《ほんとう》に優介君《ゆうすけくん》にまかせていいか答《こた》えを出《だ》せずにいたんだ
……優介君《ゆうすけくん》
は、はい

指輪《ゆびわ》が急《きゅう》になくなった時《とき》まなみをはげましながら真剣《しんけん》に探《さが》す様子《ようす》を見《み》て
これなら娘《むすめ》をまかせられると思《おも》ったよ
まなみをよろしく頼《たの》みます…
はい…必《かなら》ず幸《しあわ》せにします
お父《とう》さん!!
複雑《ふくざつ》なんですねぇ花嫁《はなよめ》の父親《ちちおや》って
ホロ…
…うん
人《ひと》の気《き》持《も》ちは長《なが》さのようには測《はか》りきれないそういうもんなんだな
つづく

第4回 犯人《はんにん》の身長《しんちよう》をつきとめろ

〈比《ひ》〉

あんた!
何《なに》やってんの!
ダッ
コラーッ
…というわけだったのよ
たぬキング
ひどいことするもんだよ
うちの町《まち》の大事《だいじ》な“たぬキング”に
落書《らくが》きするなんてさあ
あめ屋《や》の店主《てんしゅ》
日比野《ひびの》たえ子《こ》
そのとき
犯人《はんにん》の顔《かお》は見《み》ましたか?

それが…よく
わからなかったのよ
申《もう》し訳《わけ》ないねえ
先輩《せんぱい》!
監視《かんし》カメラに
映像《えいぞう》が残《のこ》っていました!
なに!?
プリントしてきました!!
ただ…ここには
影《かげ》しか写《うつ》っていなくて…
数字《すうじ》の
においがするな
これは重要《じゅうよう》な手《て》がかりに
なるかもしれないぞ

ピピ
ゼロ! イチ!
手《て》がかりが見《み》つかったわよ!
うーむ…
犯行時刻《はんこうじこく》の午前《ごぜん》８時《じ》ごろに
現場近《げんばちか》くで３人《にん》の人物《じんぶつ》が目撃《もくげき》されていたの
おそらくこの３人《にん》の中《なか》に**犯人《はんにん》がいるはずよ!!**
里中《さとなか》 登《のぼる》
中学《ちゅうがく》２年生《ねんせい》
川上《かわかみ》 勝《まさる》
工務店《こうむてん》の従業員《じゅうぎょういん》
車辰《くるまたつ》二郎《じろう》
商店街《しょうてんがい》の組合《くみあい》の会長《かいちょう》
主任《しゅにん》!
３人《にん》の身長《しんちょう》はわかりますか!
ええ
任《まか》せて
犯人《はんにん》の手《て》がかりは
影《かげ》だけ……
そうだ!

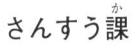

身長《しんちょう》は背《せ》の高《たか》い順《じゅん》に
川上勝《かわかみまさる》182cm／里中登《さとなかのぼる》170cm／車辰二郎《くるまたつじろう》156cmよ
イチ、これで犯人《はんにん》がわかるかもしれないぞ
え？どういうことですか？
ヒントはこれだ!!
こちらの短《みじか》いのは15cmの定規《じょうぎ》そして…
これはその２倍《ばい》の長《なが》さの30cm定規《じょうぎ》
それをこうして立《た》てると…
コト

長《なが》い定規《じょうぎ》の影《かげ》の長《なが》さは
短《みじか》い定規《じょうぎ》の影《かげ》の長《なが》さの２倍《ばい》だ
つまりものの高《たか》さが2倍《ばい》になると
影《かげ》の長《なが》さもそれに比例《ひれい》して2倍《ばい》になるんだ
いいかえれば
ものの高《たか》さと影《かげ》の長《なが》さの比《ひ》は
いつも同《おな》じということだ
さすがゼロ
犯行現場《はんこうげんば》でも同《おな》じ事《こと》が
いえるってわけね!

写真《しやしん》には犯人《はんにん》の影《かげ》と一緒《いつしよ》に
たぬキングの影《かげ》も写《うつ》っている
現場《げんば》でたぬキングの高《たか》さと
その影《かげ》の長《なが》さを測《はか》れば
高《たか》さと影《かげ》の長《なが》さの比《ひ》がわかる
高《たか》さ：影《かげ》の長《なが》さ
たぬキングの高《たか》さと影《かげ》の長《なが》さの比《ひ》は
犯人《はんにん》の身長《しんちよう》と影《かげ》の長《なが》さの比《ひ》と同《おな》じだから——
!!
つまり犯人《はんにん》の身長《しんちよう》が
わかるってことですね!
たいへんよくできました

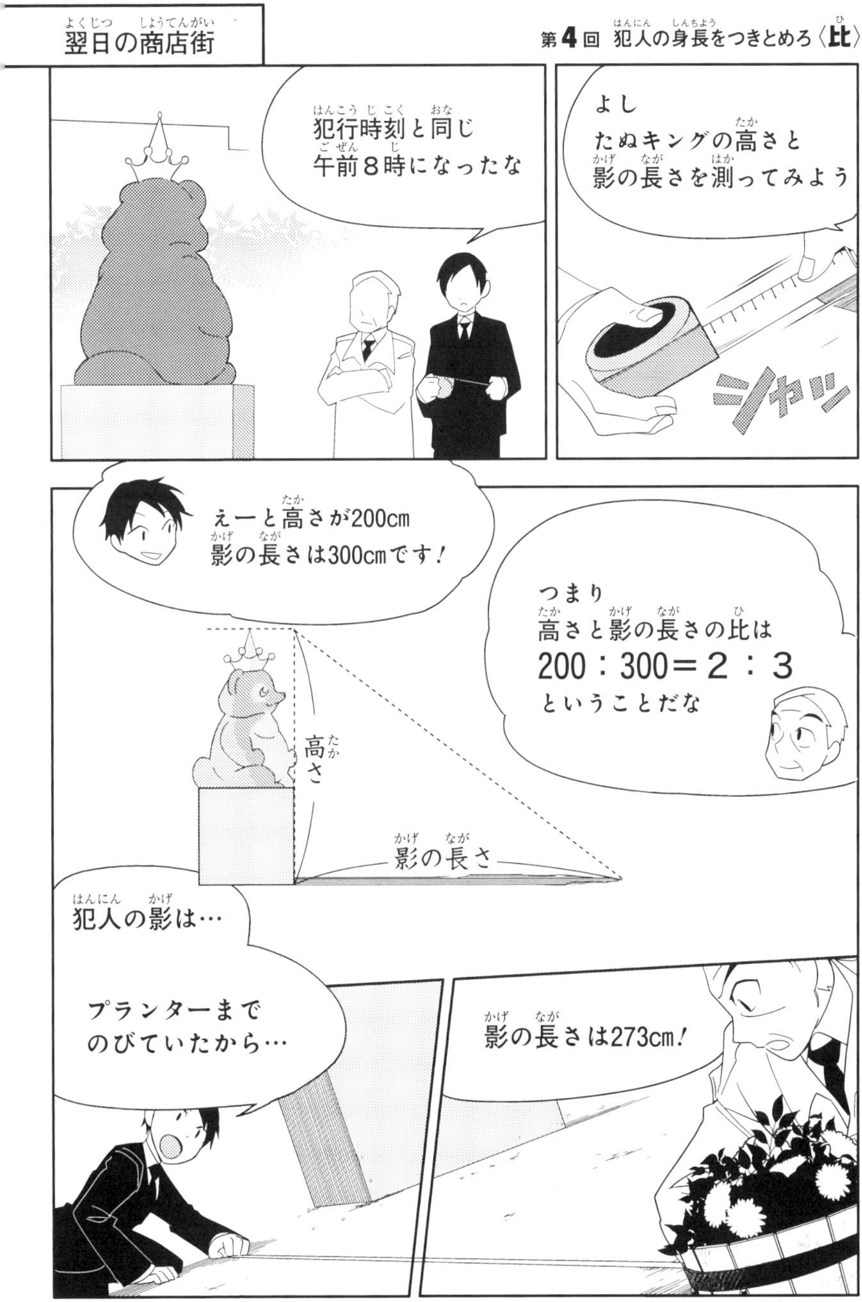
翌日《よくじつ》の商店街《しょうてんがい》
犯行時刻《はんこうじこく》と同《おな》じ
午前《ごぜん》8時《じ》になったな
よし
たぬキングの高《たか》さと
影《かげ》の長《なが》さを測《はか》ってみよう
シャッ
えーと高《たか》さが200cm
影《かげ》の長《なが》さは300cmです！
つまり
高《たか》さと影《かげ》の長《なが》さの比《ひ》は
200：300＝2：3
ということだな
高《たか》さ
影《かげ》の長《なが》さ
犯人《はんにん》の影《かげ》は…
プランターまで
のびていたから…
影《かげ》の長《なが》さは273cm！

たぬキングの高《たか》さと影《かげ》の長《なが》さの比《ひ》が

2：3

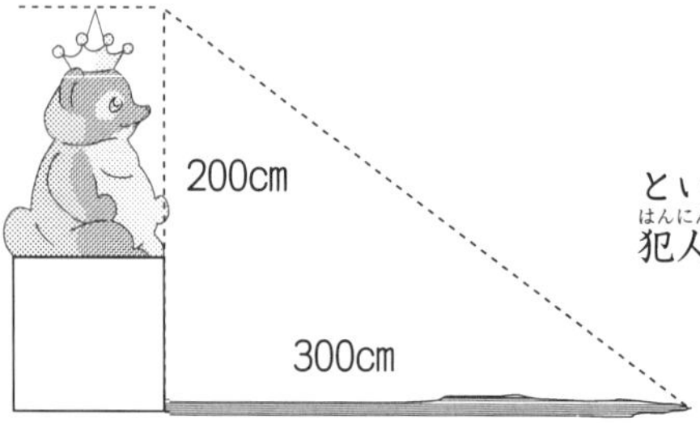

ということは
犯人《はんにん》の身長《しんちょう》と影《かげ》の長《なが》さの比《ひ》も２：３

そして
犯人《はんにん》の影《かげ》は273cmだから

2：3＝ ？ cm：273cm

身長《しんちょう》　　影《かげ》の長《なが》さ

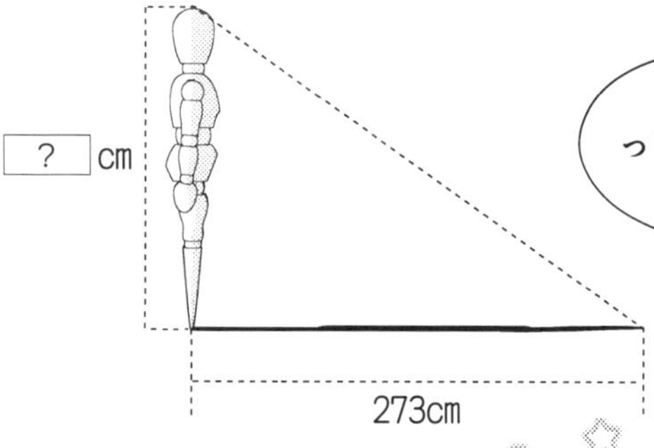

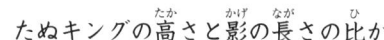

そう つまり犯人《はんにん》の身長《しんちょう》は 2に91をかけた答《こた》えだから…
×91
2：3＝ ？ cm ： 273cm
身長《しんちょう》
影《かげ》の長《なが》さ
×91
2×91＝182… 犯人《はんにん》の身長《しんちょう》は182cm! 川上《かわかみ》が犯人《はんにん》ってことですね!!
目撃者《もくげきしゃ》に 確認《かくにん》してみよう!!
あめ
この川上《かわかみ》って男《おとこ》じゃ なかったですか？
身長《しんちょう》182cmの 大《おお》きな男《おとこ》です
…うーん…182cmも あったかねえ…もっと 小柄《こがら》だった気《き》がするけど…

もしかして
この人《ひと》ですか
辰《たつ》さんじゃない!
違《ちが》うわよ〜
この人《ひと》ね
商店街《しょうてんがい》をもり上《あ》げるために
毎日走《まいにちはし》り回《まわ》ってんのよ
やーねー
そんな人《ひと》が
いたずらなんて…
たぬキング
…そうか! イチ!
もう一度《いちど》影《かげ》を測《はか》ってくれ!
え?
あ、はい…
ストップ!!

その測《はか》り方《かた》が
間違《まちが》っていたんだ!
え?
たぬキングの高《たか》さに対《たい》しての
影《かげ》の長《なが》さを測《はか》るには
台座《だいざ》のすみからじゃだめなんだ
像《ぞう》のいちばん高《たか》い部分《ぶぶん》から
垂直《すいちょく》に下《お》ろしたところから
測《はか》らなければならなかったんだ
そうか!
ということは…
影《かげ》の長《なが》さは——
350cmです!
350cm

では前回《ぜんかい》の影《かげ》の長《なが》さ『300』を『350』におきかえてみよう
測《はか》り直《なお》したたぬキングの比《ひ》
200：350
(高《たか》さ)　(影《かげ》の長《なが》さ)
200：350
それを簡単《かんたん》にすると…
佃煮屋
閉店
高《たか》さと影《かげ》の長《なが》さの正《ただ》しい比《ひ》は
4：7!!
いらっしゃいいらっしゃい
商店街《しょうてんがい》の福引《ふくび》きだよ！
車辰二郎《くるまたつじろう》さんですね？
そうだけどあなたがたは？

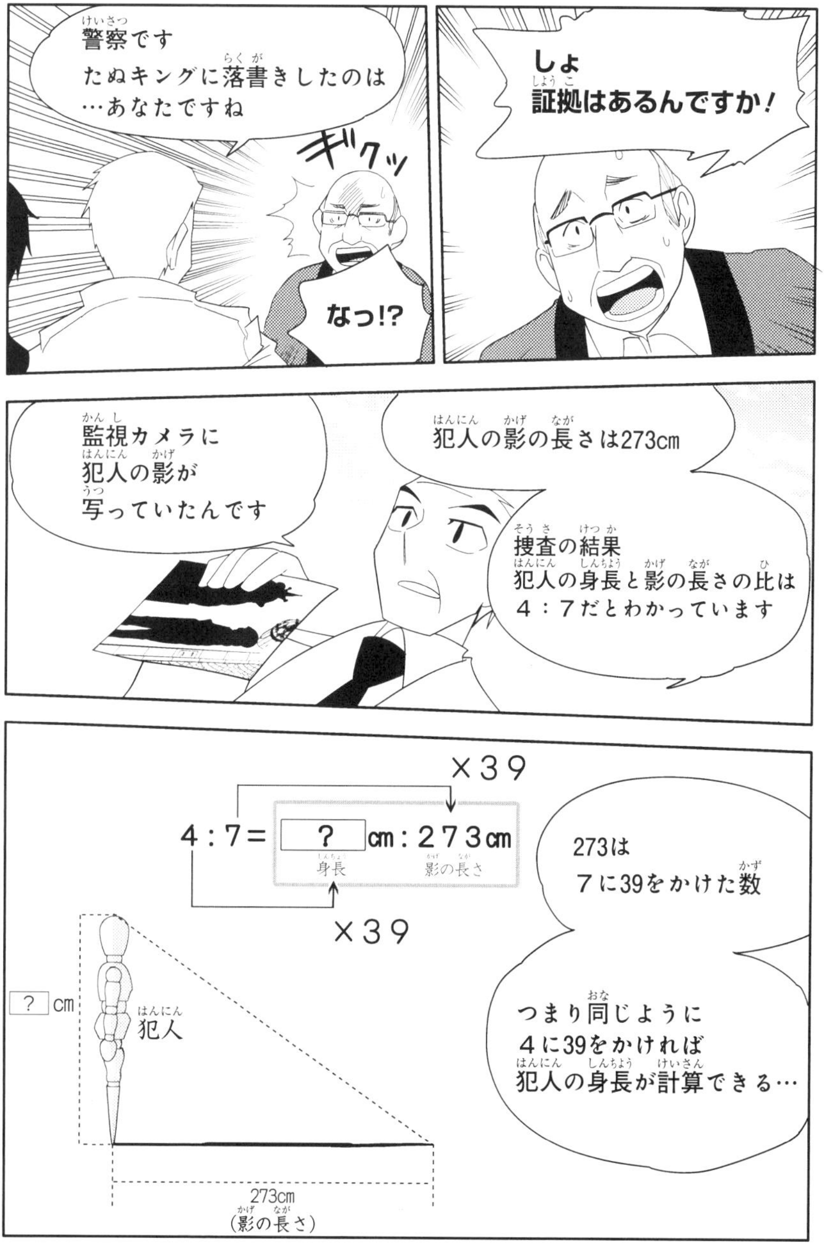
警察《けいさつ》です
たぬキングに落書《らくが》きしたのは
…あなたですね
ギクッ
なっ!?
しょ
証拠《しょうこ》はあるんですか！
監視《かんし》カメラに
犯人《はんにん》の影《かげ》が
写《うつ》っていたんです
犯人《はんにん》の影《かげ》の長《なが》さは273cm
捜査《そうさ》の結果《けつか》
犯人《はんにん》の身長《しんちょう》と影《かげ》の長《なが》さの比《ひ》は
4：7だとわかっています
×39
4：7＝ ? cm：273cm
身長《しんちょう》　影《かげ》の長《なが》さ
×39
? cm
犯人《はんにん》
273cm
(影《かげ》の長《なが》さ)
273は
7に39をかけた数《かず》
つまり同《おな》じように
4に39をかければ
犯人《はんにん》の身長《しんちょう》が計算《けいさん》できる…

4×39=156
犯人《はんにん》の身長《しんちょう》は
156cm…
車辰《くるまたつ》二郎《じろう》さん
あなたの身長《しんちょう》と
ぴったり一致《いっち》するんです!
申《もう》し訳《わけ》ありません…
がっくり…
少《すこ》しでも話題《わだい》になればと思《おも》って…
ニュースで取《と》り上《あ》げられたら
商店街《しょうてんがい》の名前《なまえ》も広《ひろ》まるかなって…
あめ
辰《たつ》さん!
なんてことを!

あの人《ひと》が
犯人《はんにん》だったなんて
そうだな
一人《ひとり》でかかえこまないで
相談《そうだん》してくれればよかったのに
たえ子《こ》さん…
人間《にんげん》の心《こころ》までは
計算《けいさん》できないってことさ

つづく

第5回 タイルの秘密《ひみつ》を調査《ちよう さ》せよ〈しきつめ〉

カチャ
カチャ
あ〜…あかんわ
ばあちゃん
見《み》てみい
え…え…？
床《ゆか》がボコボコしてるさかい
タイルがしきつめられへんわ
すき間《ま》ができてしまう
ほ、本当《ほんとう》ね
こりゃ床《ゆか》を平《たい》らにする
工事《こうじ》が必要《ひつよう》やさかい——

追加料金《ついかりょうきん》…100万円《まんえん》
えええ…！
うーん…
どっちかな…
かしこい
パズル
インテリア
ペラ
イチ
何《なに》を見《み》てるんだ？
あ、先輩《せんぱい》
今度実家《こんどじっか》のお風呂《ふろ》のタイルを
交換《こうかん》するんですが
赤《あか》と白《しろ》どっちが
いいと思《おも》います？
白
赤
ふむ…ならばいっそ
両方《りょうほう》とって紅白《こうはく》とか…
ゼロ、イチ！ 事件《じけん》よ！

お年寄《としよ》りばかりをねらった“ボコボコ詐欺《さぎ》”が次々《つぎつぎ》と起《お》きているらしいの
ボコボコ詐欺《さぎ》？ 何《なん》ですかそれ？
容疑者《ようぎしゃ》はタイル会社《がいしゃ》の社長《しゃちょう》 大角正《おおすみただし》
大角《おおすみ》は工事《こうじ》の途中《とちゅう》で床《ゆか》がボコボコでタイルがしきつめられないと言《い》って床《ゆか》を平《たい》らにする工事《こうじ》の追加代金《ついかだいきん》を要求《ようきゅう》するの
タイル会社社長《がいしゃしゃちょう》
大角《おおすみ》 正《ただし》
最初《さいしょ》から床《ゆか》は平《たい》らなのによ!!
でも被害者《ひがいしゃ》の証言《しょうげん》では確《たし》かに初《はじ》めはタイルとタイルの間《あいだ》にすき間《ま》があって——
たしかにすき間があったのよ～
それが最後《さいご》にはぴったりとしきつめられていたから…本当《ほんとう》に工事《こうじ》が行《おこな》われたと思《おも》ってしまったらしいの

この事件《じけん》、絶対《ぜったい》に
タイルに秘密《ひみつ》があるはずよ
調《しら》べてきて!!
よし
大角《おおすみ》のところへ
行《い》くぞ!
はい!
刑事《けいじ》さんですか？
大角タイル店
うちのタイルを
ご覧《らん》になりたいと…？
お願《ねが》いします
これがいつも
使《つこ》うてるやつですけど…
大角タイル

何《なん》のへんてつもない
タイルだ
並《なら》べてもすき間《ま》なんか
できませんね
ほらぴったり
当《あ》たり前《まえ》ですよ
しきつめられんかったら
仕事《しごと》になりまへんよ
で、ですよね…
すみません
ではそろそろ
まて
すみません
その窓際《まどぎわ》の段《だん》ボール
見《み》せて頂《いただ》けますか？
あ、ああ…
はい…
大角タイル
大角タイル
大角タイル
大角タイル

じゃあお借《か》りしていきます
大角タイル
大角タイル
大角タイル
大角タイル
大角タイル
大角タイル
シャッ
…なぜカーテンを？
おもい…
せんぱーい
早《はや》く行《い》きますよ〜
パタン
あの刑事《けいじ》…
いやに鼻《はな》がきくな…
さんすう捜

やっぱり…!!
先輩《せんぱい》、ビンゴですよ!
大角タイル
大角タイル
何《なに》がだ
大角《おおすみ》が使《つか》ったのは正方形《せいほうけい》のタイルじゃなかったんです
ほら…見《み》て下《くだ》さい
この中《なか》に、並《なら》べるとすき間《ま》ができる四角形《しかくけい》があるんですよきっと!
僕《ぼく》試《ため》してみます!

平行《へいこう》四《し》辺形《へんけい》は…
あ、しきつめられる
台形《だいけい》は…？
これもしきつめられるのか
きっとこれです！
こんな四《し》角形《かくけい》
しきつめられる
わけがありません！
…な、なんで？
しきつめられちゃいました…！

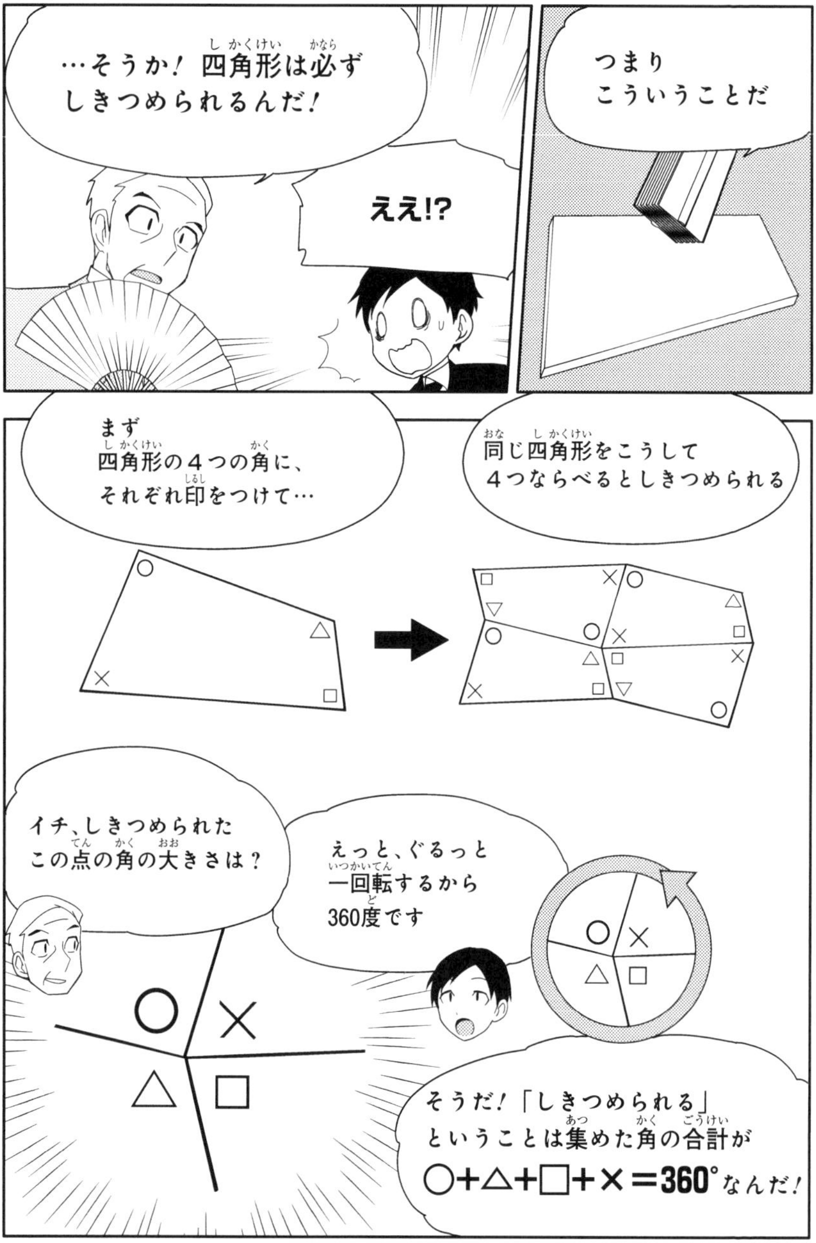
…そうか！ 四角形《しかくけい》は必《かなら》ず
しきつめられるんだ！
ええ!?
つまり
こういうことだ
まず
四角形《しかくけい》の４つの角《かく》に、
それぞれ印《しるし》をつけて…
同《おな》じ四角形《しかくけい》をこうして
４つならべるとしきつめられる
イチ、しきつめられた
この点《てん》の角《かく》の大《おお》きさは？
えっと、ぐるっと
一回転《いっかいてん》するから
360度《ど》です
そうだ！「しきつめられる」
ということは集《あつ》めた角《かく》の合計《ごうけい》が
○＋△＋□＋×＝360°なんだ！

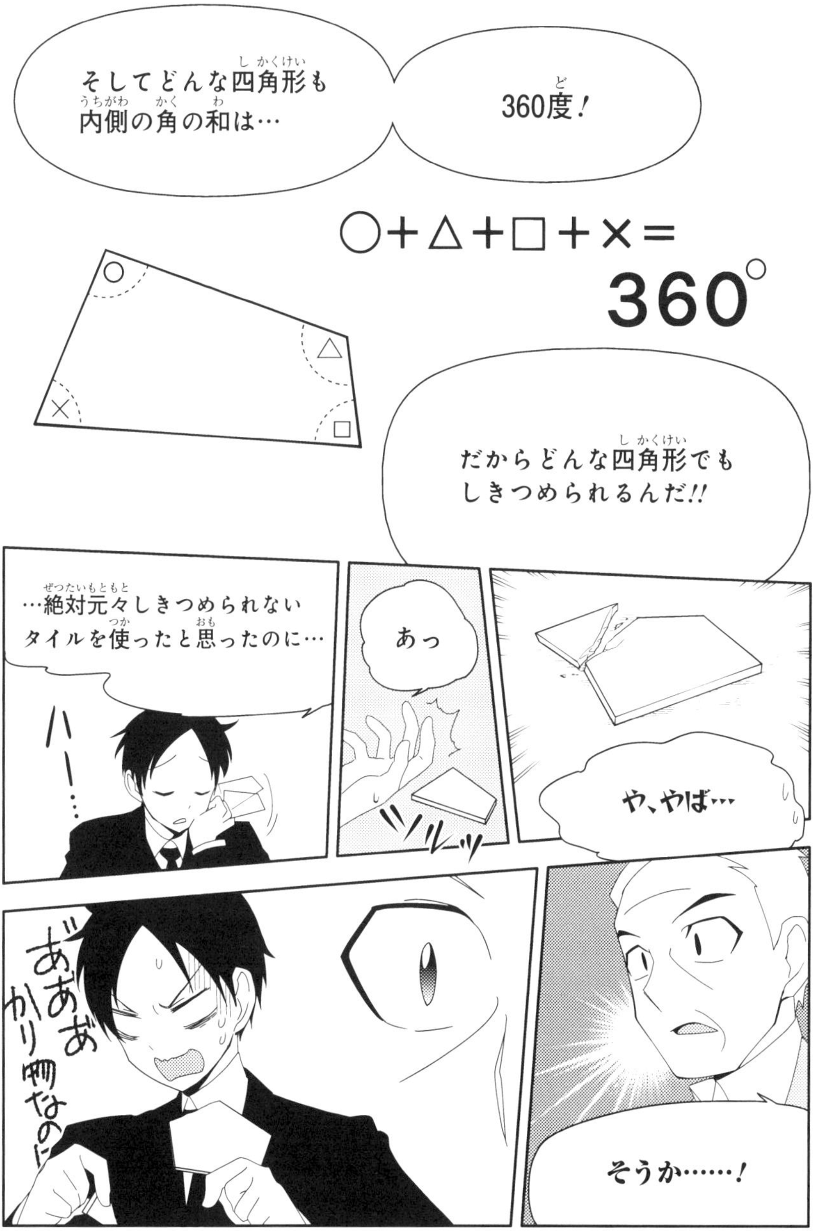

そしてどんな四角形《しかくけい》も内側《うちがわ》の角《かく》の和《わ》は…
360度《ど》!
○+△+□+×=360°
だからどんな四角形《しかくけい》でもしきつめられるんだ!!
…絶対元々《ぜつたいもともと》しきつめられないタイルを使《つか》ったと思《おも》ったのに…
ハー…
あっ
ズルーッ
や、やば…
ああ かり物なのに
そうか……!

答《こた》えは
この形《かたち》の中《なか》にある！
イチの推理《すいり》は
間違《まちが》っちゃいないぞ！
ゴン
ゴン
大角タイル店
大角《おおすみ》!!
これは
正方形《せいほうけい》…
これは違《ちが》う…

そこまでだ！
あかん…！
カッ
なるほど
この形《かたち》でしたか
な、なんのことや
あなたはわざと…もともとしきつめられない
正五角形《せいごかくけい》のタイルを使《つか》ったんですね
な、なにを
アホな…

こんなきれいな形《かたち》した
タイルがしきつめられへん
わけないやろ
本当《ほんとう》ですか？
イチ
あのタイルについて
調《しら》べるんだ
はい!
正五角形《せいごかくけい》の
1つの角《かく》の大《おお》きさは108度《ど》
108°
2枚《まい》ならべると216度《ど》
216°
3枚《まい》ならべると324度《ど》
324°
360度《ど》にならないので
すき間《ま》ができてしまいます
よって、
しきつめられません!

あなたは正五角形《せいごかくけい》の
タイルを使《つか》って
わざとすき間《ま》を見《み》せた
元々並《もともとなら》べるとすき間《ま》ができるタイルなのに、床《ゆか》がボコボコだからしきつめられないとうそをついて
最後《さいご》には しきつめられる四角形《しかくけい》のタイルを使《つか》って、工事《こうじ》が行《おこな》われたと思《おも》いこませる
これが…
あなたの考《かんが》えたボコボコ詐欺《さぎ》…
あなたのやったことは善良《ぜんりょう》なタイル職人《しょくにん》を裏切《うらぎ》る行為《こうい》です！
う……

…俺《おれ》は今《いま》までだまされてばっかりやった
それである日《ひ》思《おも》ったんですわ
だまされるよりだますほうがかしこいんやないかって…
ギリ…
こんなすき間《ま》だらけの手口《てぐち》では、
さんすう課《か》はだませませんよ…！
あ、ぴったり
つづく

第6回 宝《たから》の地図《ちず》をよみとけ《拡大図《かくだいず》と縮図《しゅくず》》

チョウさん…これなんの地図《ちず》ですか？
さんすう捜査課
宝石《ほうせき》の隠《かく》し場所《ばしょ》を書《か》いた地図《ちず》だ！
昔《むかし》…大量《たいりょう》に宝石《ほうせき》が盗《ぬす》まれた事件《じけん》があったろ
刑事課《けいじか》 警部補《けいぶほ》 長田《ながた》 大吉《だいきち》（チョウさん）
ああ…6年《ねん》くらい前《まえ》の…
ずっと犯人《はんにん》を追《お》い続《つづ》けたが…
さっぱり足取《あしど》りがつかめなかった
でもやっと手《て》がかりを手《て》に入《い》れた

それがこの地図《ちず》ですか!
よく見《み》つけましたね チョウさん
…もうすぐ時効《じこう》だ 時効《じこう》が来《き》たらきっと——
犯人《はんにん》は宝石《ほうせき》を掘《ほ》り出《だ》して売《う》り飛《と》ばすだろう
その前《まえ》になんとしても解決《かいけつ》しなくては…

じゃあ…
宝石《ほうせき》が埋《う》められた場所《ばしよ》で犯人《はんにん》を待《ま》ちぶせなさるおつもりなんですね
うむ…そうしたいが…
ピ
×印《ばつじるし》のついた場所《ばしよ》がわからないんだ
え？
地図《ちず》があるじゃないですか
まぁ見《み》てくれ
これは現在《げんざい》の地図《ちず》だ

昔《むかし》のままなのは神社《じんじゃ》くらいか…
ああ…!
開発《かいはつ》が進《すす》んで町《まち》の様子《ようす》がすっかり変《か》わっちゃってますね
6年前《ねんまえ》
しかも昔《むかし》の地図《ちず》には縮尺《しゅくしゃく》が書《か》かれていないんだ
八幡神社
八幡神社
現在《げんざい》
そうだ
新《あたら》しい地図《ちず》の縮尺《しゅくしゃく》は5000分《ぶん》の1…
縮尺《しゅくしゃく》って…
地図上《ちずじょう》の長《なが》さが実際《じっさい》どれくらいの長《なが》さか表《あらわ》すもの
ですよね…？

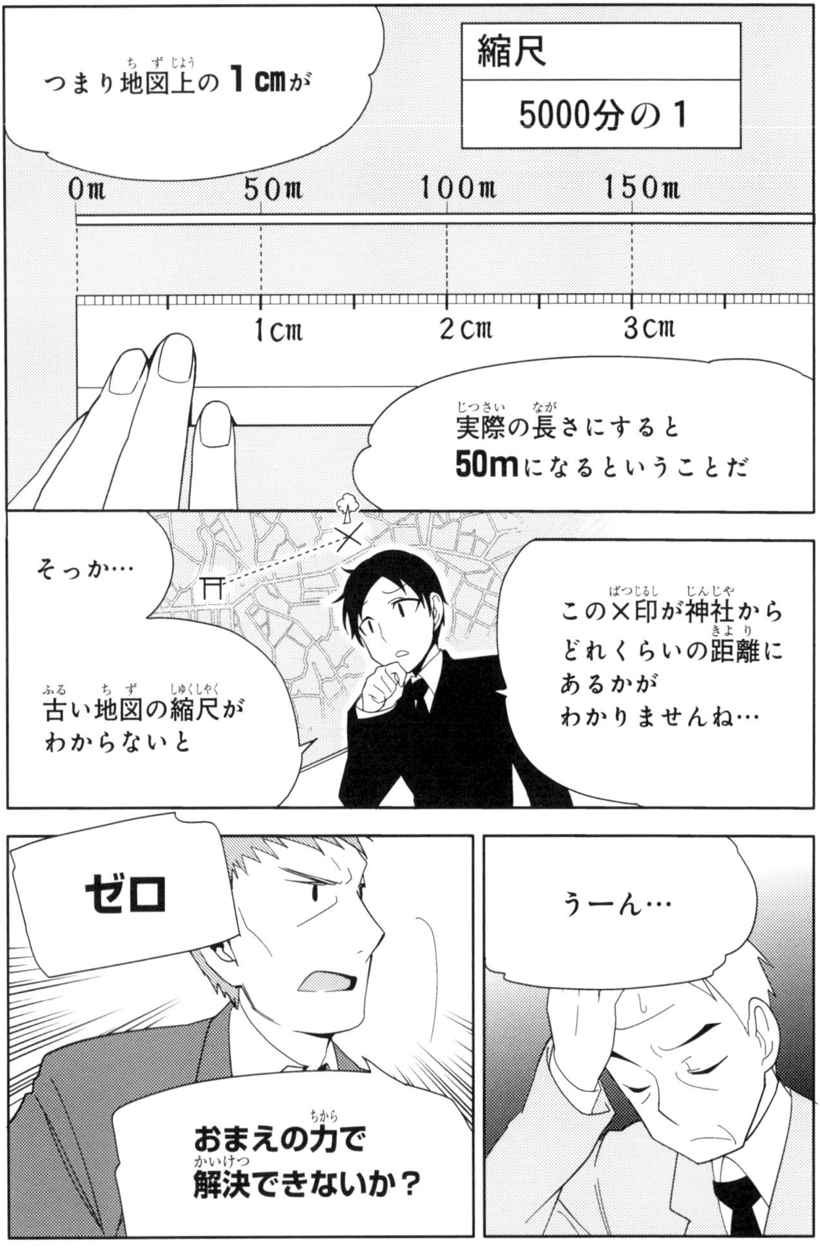

つまり地図上《ちずじょう》の1cmが
縮尺
5000分の1
0m
50m
100m
150m
1cm
2cm
3cm
実際《じっさい》の長《なが》さにすると
50mになるということだ
そっか…
古《ふる》い地図《ちず》の縮尺《しゅくしゃく》が
わからないと
この×印《ばつじるし》が神社《じんじゃ》から
どれくらいの距離《きょり》に
あるかが
わかりませんね…
ゼロ
おまえの力《ちから》で
解決《かいけつ》できないか？
うーん…

あ!
この果樹園《かじゆえん》…
ちょっと見《み》て下《くだ》さい!
両方《りようほう》の地図《ちず》にのってますよ!
しかも同《おな》じくらいの大《おお》きさです
現在
昔
耕田果樹園
耕田果樹園
お! 大《おお》きさが同《おな》じということは
2つの地図《ちず》の縮尺《しゆくしやく》も
同《おな》じということだな?
イチもチョウさんも
あわてずに…
昔《むかし》と果樹園《かじゆえん》の大《おお》きさが
変《か》わっている可能性《かのうせい》も
あります
まずはこの果樹園《かじゆえん》に
行《い》ってみましょう

すみません
耕田果樹園
警察《けいさつ》です
ちょっとお尋《たず》ねしたいんですが…
あ？
この果樹園《かじゅえん》の大《おお》きさは6年前《ねんまえ》から変《か》わってませんか？
耕田果樹園《こうだかじゅえん》主人《しゅじん》
ああ俺《おれ》ももう年《とし》だしさ
何年《なんねん》か前《まえ》に小《ちい》さくしたよ
うーん
昔《むかし》は今《いま》の4倍《ばい》はあったかなぁ
4倍《ばい》!?

4倍《ばい》…
ということは…
4 3 2 1
果
1 2 3 4
今《いま》の地図《ちず》で
辺《へん》を
全部《ぜんぶ》4倍《ばい》にして…と
昔《むかし》はこのくらい
あったということ
ですね
4倍
果
4倍
昔《むかし》の果樹園《かじゅえん》と
今《いま》かいた果樹園《かじゅえん》が
同《おな》じ大《おお》きさだということは
果
昔
果
今

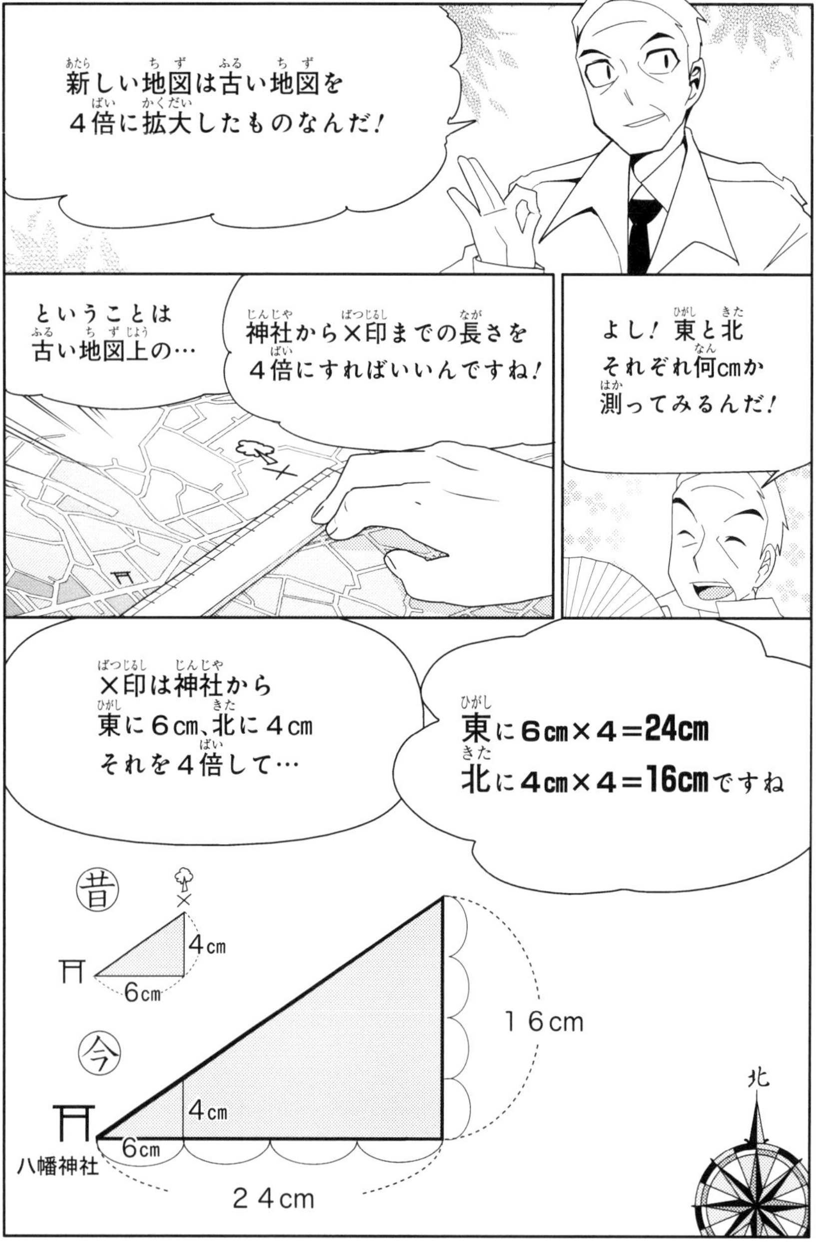

新《あたら》しい地図《ちず》は古《ふる》い地図《ちず》を4倍《ばい》に拡大《かくだい》したものなんだ！
ということは古《ふる》い地図上《ちずじょう》の…
神社《じんじゃ》から×印《ばつじるし》までの長《なが》さを4倍《ばい》にすればいいんですね！
よし！ 東《ひがし》と北《きた》それぞれ何《なん》cmか測《はか》ってみるんだ！
×印《ばつじるし》は神社《じんじゃ》から東《ひがし》に6cm、北《きた》に4cm それを4倍《ばい》して…
東《ひがし》に6cm×4＝24cm 北《きた》に4cm×4＝16cmですね
昔
4cm
6cm
今
4cm
6cm
16cm
24cm
八幡神社
北

これを現代《げんだい》の地図《ちず》に当《あ》てはめると…
キュッ
ここだ!
この場所《ばしょ》に宝石《ほうせき》が埋《う》まっているはずです!
ゼロ
これは…
ザ
このマンション…去年《きよねん》建《た》てられたそうです…
これじゃあ犯人《はんにん》はもう宝石《ほうせき》を別《べつ》の場所《ばしょ》にうつしかえたんだろうなぁ…
でも近所《きんじよ》の人《ひと》の話《はなし》ではこのあたりはずっと田《た》んぼで
地図《ちず》にかかれていた木《き》はなかったということなんですが……
うーーん
……!
なるほど
4倍《ばい》か!

たびたび
すみません
さきほどの
果樹園《かじゅえん》の大《おお》きさの話《はなし》
なんですが…
え？
耕田果樹園
昔《むかし》、果樹園《かじゅえん》は
これぐらいの大《おお》きさ
だったのでは？
おお！ そうだ
そんくらいだったよ
あ!!
どういうこと
ですか？
それじゃあ今《いま》の
倍《ばい》くらいの長《なが》さしか…
やっぱり

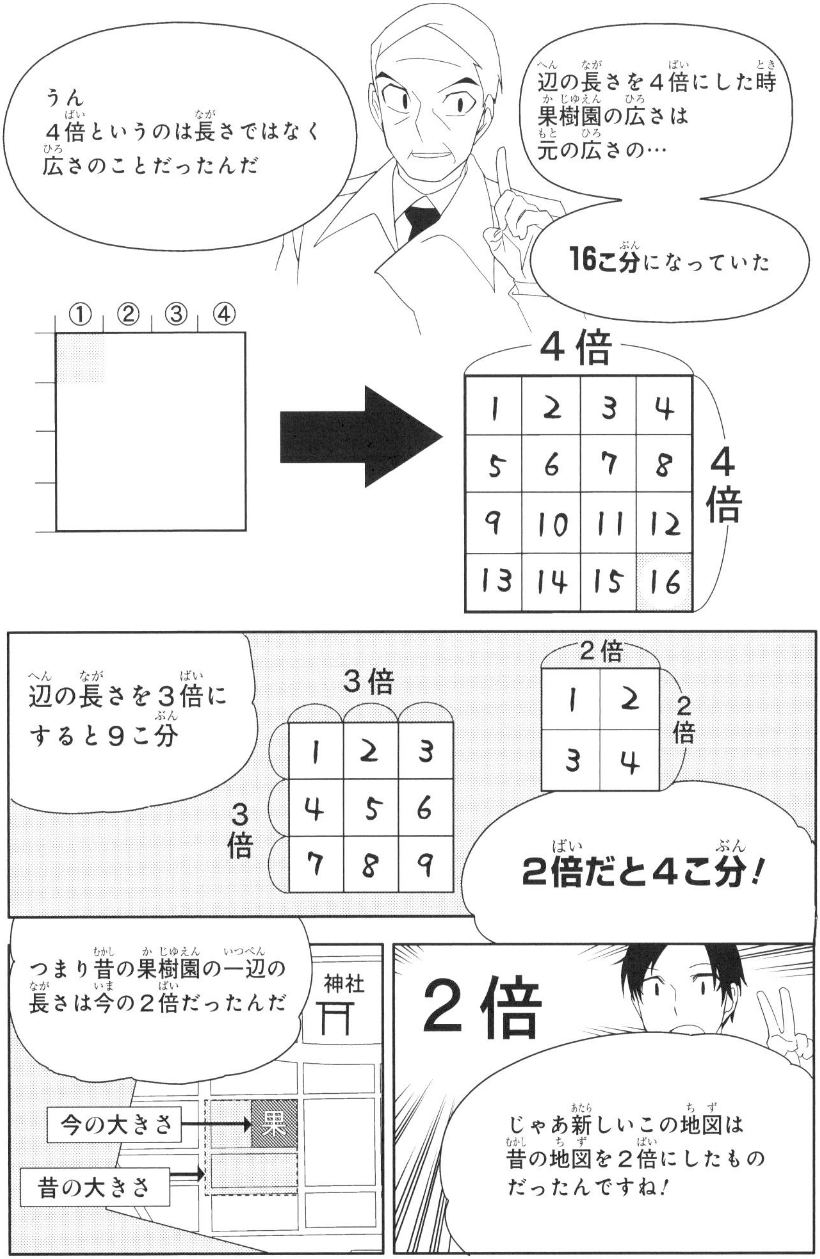

うん
4倍《ばい》というのは長《なが》さではなく
広《ひろ》さのことだったんだ
辺《へん》の長《なが》さを4倍《ばい》にした時《とき》
果樹園《かじゅえん》の広《ひろ》さは
元《もと》の広《ひろ》さの…
16こ分《ぶん》になっていた
① ② ③ ④
4倍
1 2 3 4 5 6 7 8 9 10 11 12 13 14 15 16
4倍
辺《へん》の長《なが》さを3倍《ばい》に
すると9こ分《ぶん》
3倍
1 2 3 4 5 6 7 8 9
3倍
2倍
1 2 3 4
2倍
2倍《ばい》だと4こ分《ぶん》!
つまり昔《むかし》の果樹園《かじゅえん》の一辺《いっぺん》の
長《なが》さは今《いま》の2倍《ばい》だったんだ
神社
今の大きさ
果
昔の大きさ
2倍
じゃあ新《あたら》しいこの地図《ちず》は
昔《むかし》の地図《ちず》を2倍《ばい》にしたもの
だったんですね!

ということは
神社《じんじゃ》から×印《ばつじるし》までの
長《なが》さを2倍《ばい》にして
4cm×2＝8cm
4cm
6cm
6cm ×2＝12cm
今《いま》の地図《ちず》に
当《あ》てはめればいいから…
ここが宝《たから》の
隠《かく》し場所《ばしょ》！
この辺《あた》りは
確《たし》か…
近々《ちかぢか》マンションが
建《た》てられる予定《よてい》の
場所《ばしょ》だったはず…！
じゃあ!!
うん…犯人《はんにん》は
マンションの工事《こうじ》が
始《はじ》まる前《まえ》に
この場所《ばしょ》に
戻《もど》ってくるはずだ！

ザクッ
ザクッ
ザッ
あったぞ!
こいつを売《う》り飛《と》ばせば
一生遊《いっしょうあそ》んで
くらせるぜ!
ハーイ
そこまでだ!!
ピカッ
おとなしくしてればなぁ
あと少《すこ》しで
時効《じこう》だったのにな
やべっ
サツだ!

ゼロ
おかげでやっと
つかまえられた
キュウ
チ…チクショ〜!!
ありがとよ!
逃《に》がすか!
いえいえ
チョウさんのねばり強《づよ》さと
“さんすう”の力《ちから》です!

つづく

第7回 入学《にゅうがく》オーディションの不正《ふせい》をあばけ

《整数《せいすう》の性質《せいしつ》》

約束《やくそく》のお金《かね》です…
あの…
これで娘《むすめ》は…
はい…
必《かなら》ず入学《にゅうがく》できます
これが——
合格《ごうかく》への切符《きっぷ》です…
受験票
5

さんすう捜査課
ああ〜!!
カリカリ
だめだ!!!
どうした？
僕《ぼく》もう算数《さんすう》やめます!
どうせ僕《ぼく》には
先輩《せんぱい》みたいな才能《さいのう》は
ないんです
何事《なにごと》も努力《どりょく》だ!
あきらめない
あきらめない!
簡単《かんたん》に言《い》わないで
下《くだ》さいよ〜
ゼロ! イチ!

また事件《じけん》よ!
ウィィン
国立《こくりつ》バレエ学校《がっこう》の
入学《にゅうがく》オーディションで
不正《ふせい》が行《おこな》われて
いるらしいわ
不正《ふせい》!?
容疑者《ようぎしゃ》は安部集子《あべしゅうこ》
バレエ学校《がっこう》で
事務《じむ》を担当《たんとう》しているの
安部《あべ》は一部《いちぶ》の
受験生《じゅけんせい》の保護者《ほごしゃ》から
お金《かね》をもらって
合格《ごうかく》させている
らしいわ
保護者
審査員《しんさいん》じゃない人《ひと》が
合格者《ごうかくしゃ》を決《き》められる
んでしょうか
うーん?
とにかく現場《げんば》へ
行《い》ってみよう
ハイ!

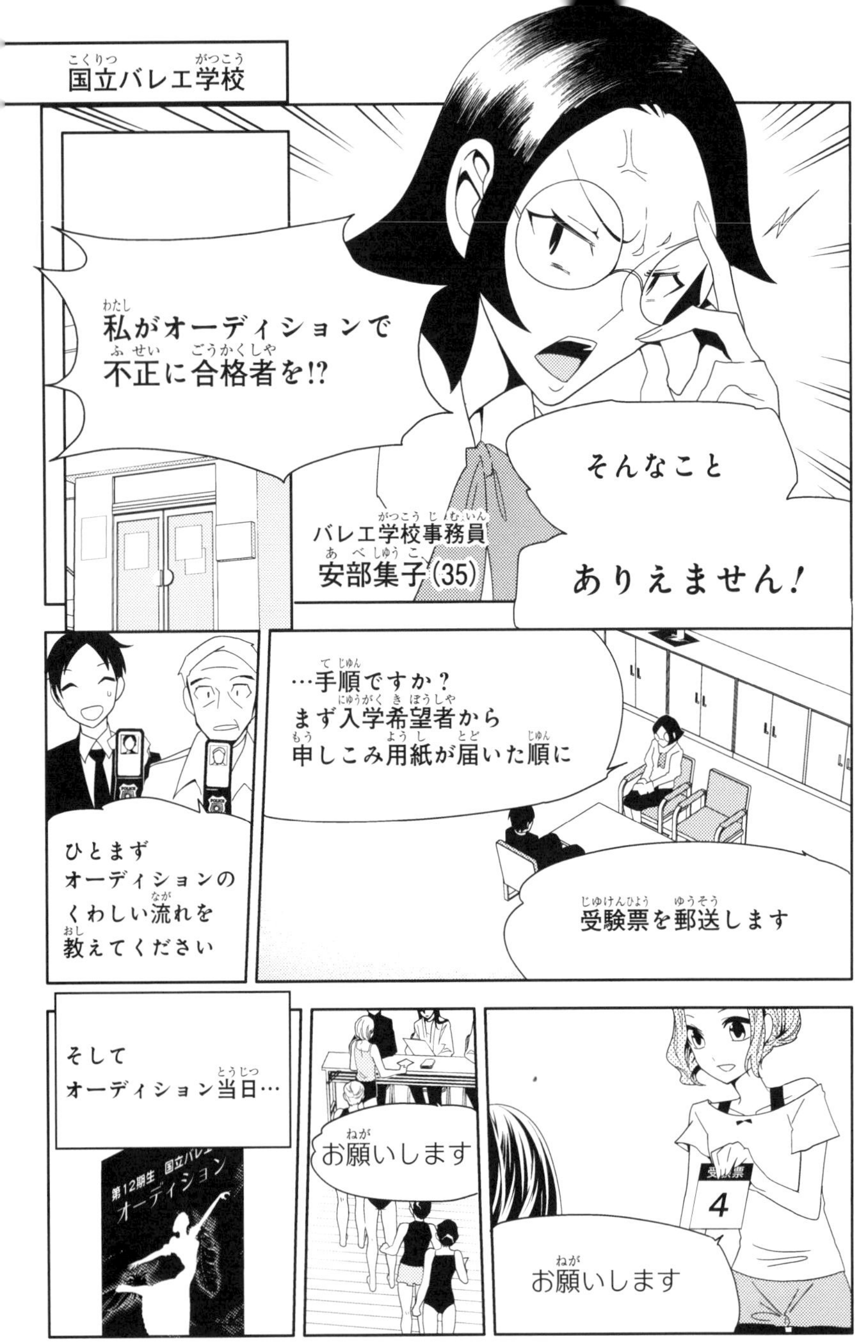

国立《こくりつ》バレエ学校《がつこう》
私《わたし》がオーディションで
不正《ふせい》に合格者《ごうかくしゃ》を!?
バレエ学校《がつこう》事《じ》務《む》員《いん》
安《あ》部《べ》集《しゅう》子《こ》(35)
そんなこと
ありえません!
ひとまず
オーディションの
くわしい流《なが》れを
教《おし》えてください
…手順《てじゅん》ですか?
まず入学《にゅうがく》希《き》望《ぼう》者《しゃ》から
申《もう》しこみ用紙《ようし》が届《とど》いた順《じゅん》に
受験票《じゅけんひょう》を郵送《ゆうそう》します
そして
オーディション当日《とうじつ》…
第12期生 国立バレ
オーディション
お願《ねが》いします
4
お願《ねが》いします

受験生《じゅけんせい》に受験票《じゅけんひょう》と同《おな》じ番号《ばんごう》のゼッケンを渡《わた》して——
受験票
4
その番号順《ばんごうじゅん》に
3人《にん》ずつ踊《おど》ってもらいます
審査《しんさ》が終《お》わったら——

すぐに合格者《ごうかくしゃ》を決《き》めて
験番号1～6
技術力
表現力
スタイル
1
2
3
4
5
6
結果《けつか》を郵送《ゆうそう》します
以上《いじょう》が
オーディションの流《なが》れです
スクッ
…たしかに不正《ふせい》の余地《よち》は
なさそうですね
それでは私《わたし》は明日《あす》の
準備《じゅんび》がありますので…
ありがとうございました…
うーん

お願《ねが》いです！
安部《あべ》さん!!
……？
バッグン
お願《ねが》いします…！
みんな納得《なっとく》してないんです！
もう一度《いちど》…
オーディションをさせて下《くだ》さい！
!?
またあなたなの？
しつこいわね！
……
…ひどい
お願《ねが》いです…！
うるさいわね
帰《かえ》って下《くだ》さい！

さっき言《い》ってた、みんな納得《なっとく》していないというのは…？
え……
実《じつ》は…オーディションの日《ひ》なぜか大勢《おおぜい》の子《こ》が
いつも通《どお》りに踊《おど》れなかったんです
=オーディション受験生《じゅけんせい》
美希《みき》
それにおかしいんです
今回《こんかい》の合格者《ごうかくしゃ》を調《しら》べてみたら…！
受験票5 吉川めぐみ(18)
バレエ歴 半年
受験票11 草間ゆき(19)
バレエ歴 4ヶ月
受験票17 田中史子(18)
バレエ歴 3ヶ月
まだバレエ経験《けいけん》の浅《あさ》い初心者《しょしんしゃ》ばっかりなんです…
数字《すうじ》のにおいがするな…
他《ほか》の合格者《ごうかくしゃ》の情報《じょうほう》もわかるかな？
友達《ともだち》にきいてきます！

とりあえず
美希《みき》さんを待《ま》つ間《あいだ》
今《いま》わかっている情報《じょうほう》で
考《かんが》えてみよう
はい
受験番号 5 吉川めぐみ(18) バレエ歴 半年
受験番号 11 草間ゆき(19) バレエ歴 4ヶ月
受験番号 17 田中史子(18) バレエ歴 3ヶ月
やっぱり
あやしいのは
受験番号《じゅけんばんごう》ですよね…
この3つの受験番号《じゅけんばんごう》
キュ
5 11 17
ん？
キュ
どれも奇数《きすう》ですね…
もしかしたら…!!
5 11 17
安部《あべ》は奇数《きすう》の人《ひと》を合格《ごうかく》にするように
何《なに》か細工《さいく》をしたんじゃないですかね!?

うむ…
ちなみにイチ
奇数《きすう》とはどんな数《かず》か言《い》えるか？
へ
？
き、奇数《きすう》は…
偶数《ぐうすう》の反対《はんたい》です！
…
偶数《ぐうすう》は
2でわるとわり切《き》れる数《かず》
2
4
6
2つずつ囲《かこ》うと分《わ》かりやすいぞ
奇数《きすう》は2でわると
5
11
17
5
11
17
なるほど…でもそれがどう関係《かんけい》するんだ…？
1あまる数《かず》だ
刑事《けいじ》さん！

他《ほか》の合格者《ごうかくしゃ》聞《き》いてきました！
ありがとう！
ええっと…受験番号《じゅけんばんごう》は
2
8
14
2番《ばん》、8番《ばん》、14番《ばん》——
今度《こんど》は3つとも偶数《ぐうすう》だ
…ああ〜奇数《きすう》の人《ひと》を合格《ごうかく》にしたんじゃなかったのか…
あきらめない あきらめない
さっきの番号《ばんごう》に新《あたら》しい番号《ばんごう》を書《か》き加《くわ》えて考《かんが》えてみるんだ
2 5 8 11 14 17
キュ
イチ ある法則《ほうそく》に気《き》づかないか？
え…
2 8 11 5 14 17

あ…!
3ずつふえてる…!!
+3 +3 +3 +3 +3
2 5 8 11 14 17
そう…そして
3ずつと言《い》えば
たしか…3人《にん》ずつ試験《しけん》を
するって言《い》ってたな…
3人《にん》ずつかあ…
ちょっと
携帯電《けいたいでん》話《わ》をみせて
もらえますか?
は、はい…?
1 2 3
4 5 6
7 8 9
* 0 #
数字《すうじ》が3つずつ…

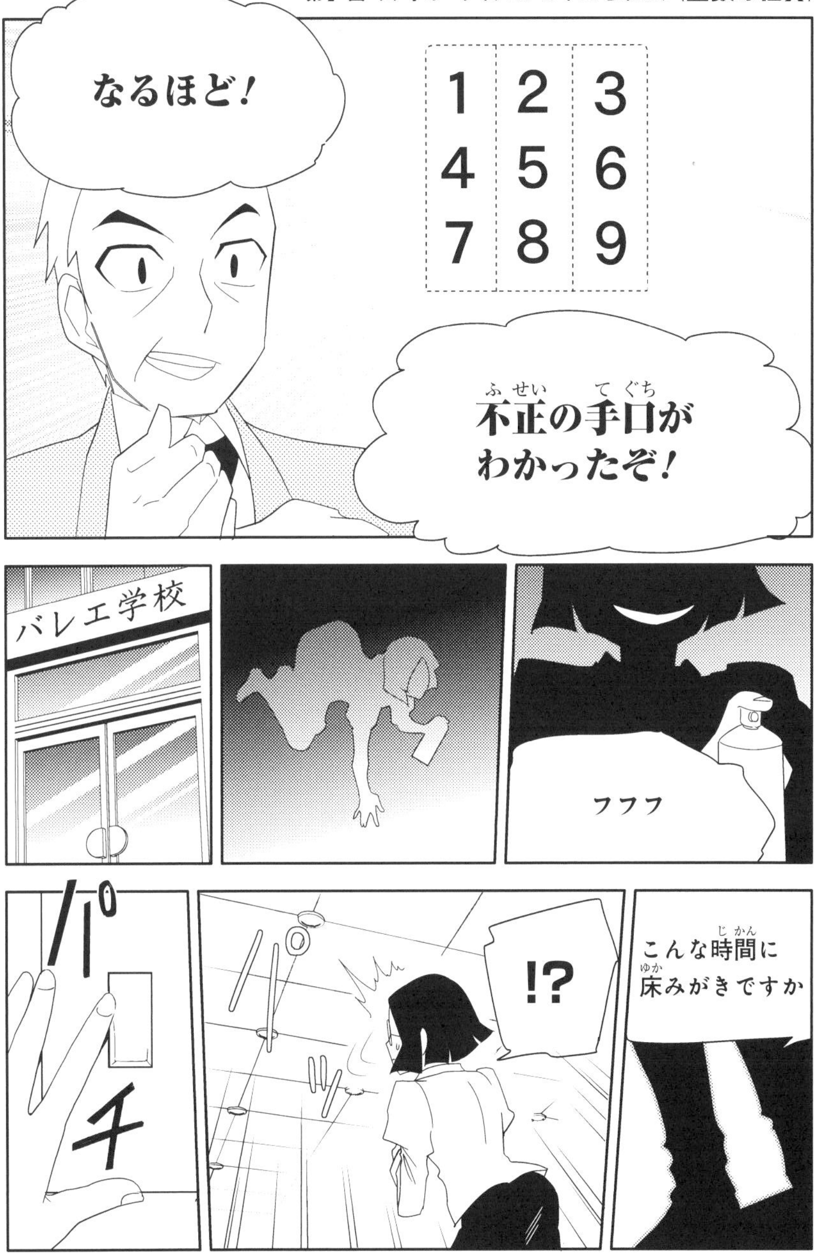
なるほど!
1 2 3
4 5 6
7 8 9
不正《ふせい》の手口《てぐち》がわかったぞ!
バレエ学校
フフフ
パチ
!?
こんな時間《じかん》に床《ゆか》みがきですか

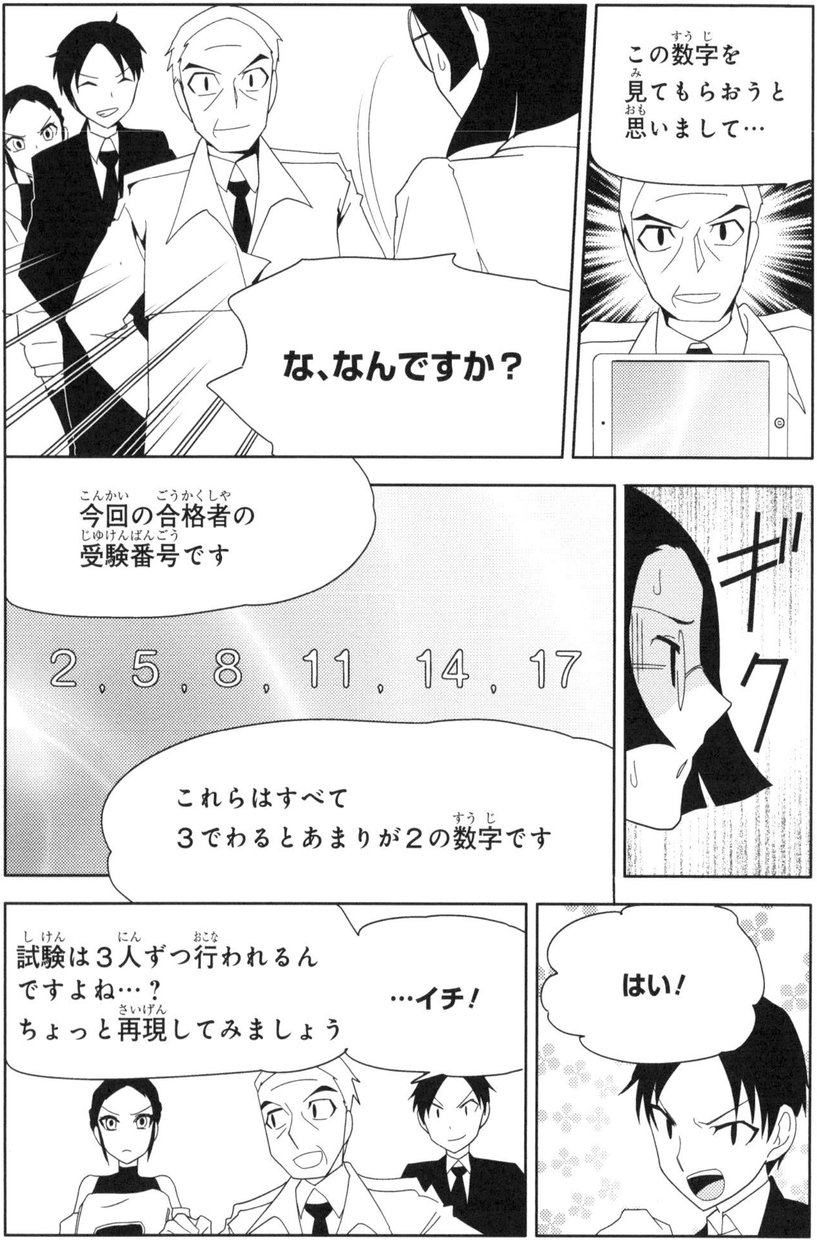
な、なんですか？
この数字《すうじ》を見《み》てもらおうと思《おも》いまして…
今回《こんかい》の合格者《ごうかくしゃ》の受験番号《じゅけんばんごう》です
2, 5, 8, 11, 14, 17
これらはすべて３でわるとあまりが２の数字《すうじ》です
ギク
試験《しけん》は３人《にん》ずつ行《おこな》われるんですよね…？ちょっと再現《さいげん》してみましょう
…イチ！
はい！

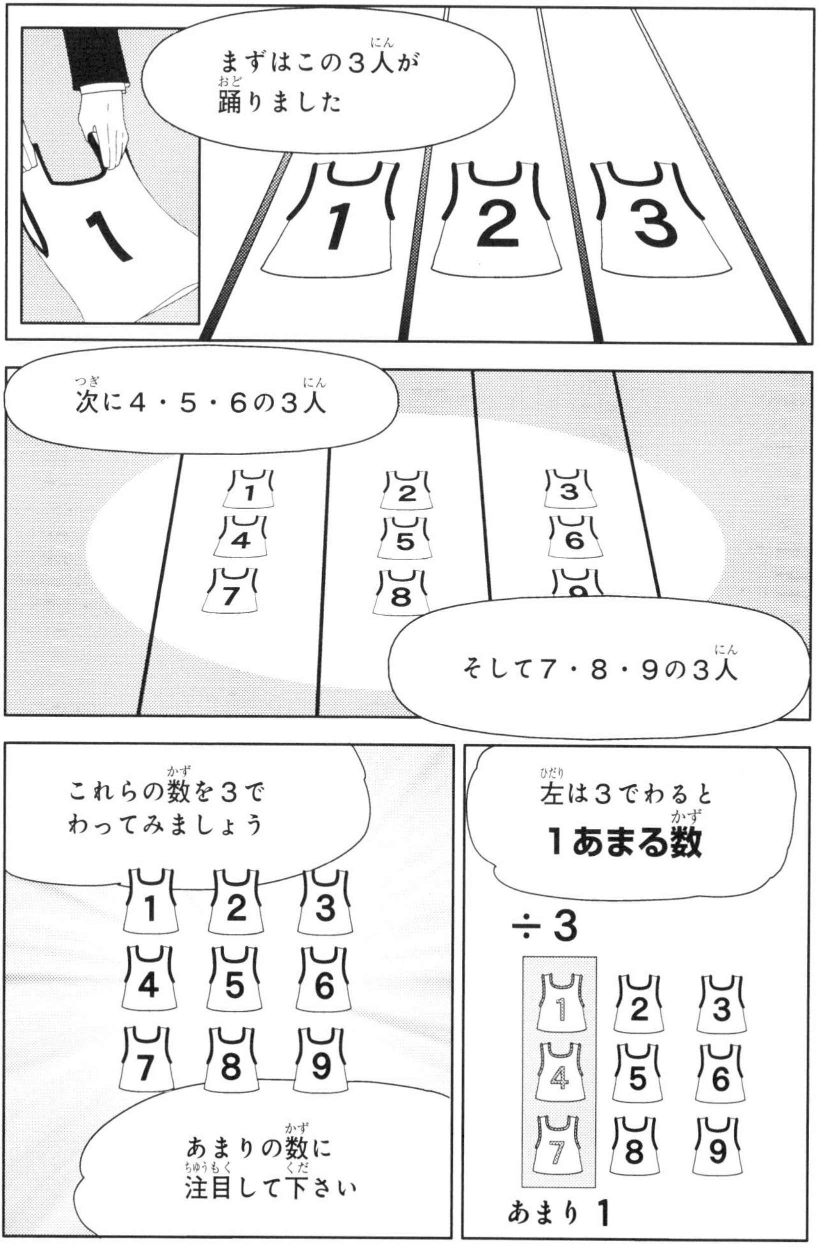
まずはこの3人《にん》が
踊《おど》りました
次《つぎ》に4・5・6の3人《にん》
そして7・8・9の3人《にん》
これらの数《かず》を3で
わってみましょう
あまりの数《かず》に
注目《ちゅうもく》して下《くだ》さい
左《ひだり》は3でわると
1あまる数《かず》
÷3
あまり 1

右《みぎ》はあまりが0
つまり3で
わり切《き》れる数《かず》
÷3
3
6
9
あまり
0
そして真《ま》ん中《なか》は
あまりが2の列《れつ》
この真《ま》ん中《なか》の列《れつ》の
数字《すうじ》が、合格者《ごうかくしゃ》の
受験番号《じゅけんばんごう》と一緒《いっしょ》なんです！
÷3
1 2 3
4 5 6
7 8 9
あまり
1
あまり
2
あまり
0
あなたは合格《ごうかく》させたい
受験者《じゅけんしゃ》に…
3でわると
あまりが2になる
受験番号《じゅけんばんごう》を渡《わた》した
そしてこの真《ま》ん中《なか》の
列《れつ》に集《あつ》めて
合格《ごうかく》させるように
仕組《しく》んだんです
1 2 3
4 5 6
8 9

私《わたし》は審査員《しんさいん》じゃないのよ
合格《ごうかく》なんて決《き》められないわ
…しかし
不合格《ふごうかく》なら
どうでしょう
そのスプレーを使《つか》えば
可能《かのう》なんじゃないですか？
バツグンスプレー
すべりを良《よ》くするための
スプレー…
あなたは両《りょう》はしの人《ひと》が
踊《おど》る場所《ばしょ》にそれを
ふきかけておいた
キュ
キュ
そうすればオーディションで
その位置《いち》にいる受験生《じゅけんせい》が
すべって転《ころ》ぶ…
きゃっ

実技《じつぎ》だけの試験《しけん》で転《ころ》ぶなんて致命傷《ちめいしよう》！当然《とうぜん》転《ころ》ばなかった真《ま》ん中《なか》の列《れつ》の人《ひと》が…
合格《ごうかく》するという仕組《しく》みです！
ひどい…お金《かね》のために私《わたし》たちを利用《りよう》するなんて！
お金《かね》のためだけじゃないわ！
…才能《さいのう》あふれるあなた達《たち》がうらやましかったのよ…！
才能《さいのう》とはあきらめないこと！
あきらめなければいつかきっと道《みち》は開《ひら》ける！
つづく

第8回 時速《じそく》35kmの犯人《はんにん》をさがせ

〈速《はや》さ〉

一等級
ああっ!
メロンがなくなってる!!
…なるほどということは…
トラックで走《はし》っている間《あいだ》に
キリッ
メロンが盗《ぬす》まれたんですね?
じゃり道《みち》にさしかかったんで速度《そくど》を落《お》としたんですよ
地図《ちず》を見《み》るとじゃり道《みち》は1kmですね

どのぐらいの速《はや》さで走《はし》っていたんですか？
たしか時速《じそく》35kmくらいまで落《お》としていました
あ！そういえば…
とちゅうで新聞配達《しんぶんはいたつ》の自転車《じてんしゃ》と
ジョギング中《ちゅう》の男《おとこ》の人《ひと》を追《お》いこしました
んすう捜
コロコロ
時速《じそく》35kmのトラック
犯人《はんにん》はそれ以上《いじょう》の速《はや》さでトラックに追《お》いついたってことですよね
そうだな

時速《じそく》35km…つまり1時間《じかん》に35km進《すす》む速《はや》さだな
犯人《はんにん》は時速《じそく》35km以上《いじょう》ってことですね…
きょり
35km
時間
1時間
ピピッ
ゼロ、イチ!
運転手《うんてんしゅ》が目撃《もくげき》した二人《ふたり》の名前《なまえ》がわかったわよ
新聞配達《しんぶんはいたつ》をしていたのは
川島圭太《かわしまけいた》
新聞配達員《しんぶんはいたついん》
川島圭太《かわしまけいた》(29)
体育大学学生《たいいくだいがくがくせい》
速水健《はやみけん》(20)
体育大学
46
ジョギングをしていたのは
速水健《はやみけん》、体育大学《たいいくだいがく》の学生《がくせい》よ

この二人《ふたり》のどちらかが
犯人《はんにん》の可能性《かのうせい》が高《たか》いな
二人《ふたり》は時速何《じそくなん》kmで
走《はし》ってたんでしょうね
よし！ 速水《はやみ》から
あたってみるか
体育大学《たいいくだいがく》
速水《はやみ》！
警察《けいさつ》がお前《まえ》に聞《き》きたい
ことがあるそうだ
大会前《たいかいまえ》なんだから手短《てみじか》に
すませて練習戻《れんしゅうもど》れよ
練習中《れんしゅうちゅう》すみません
1kmをどれぐらいの速《はや》さで
走《はし》れるか教《おし》えて頂《いただ》けますか？
1km…？
ああ！ 1000mだったら
2分半《ふんはん》ですね

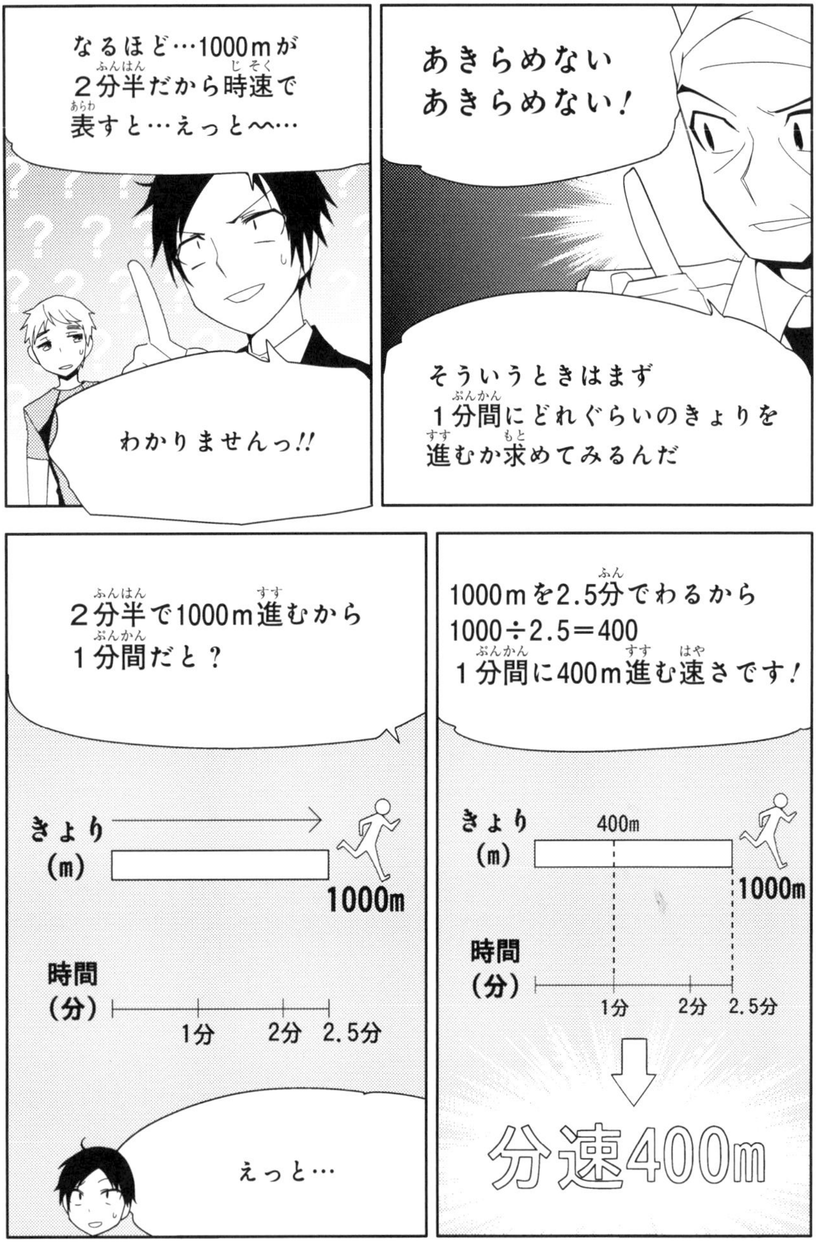

なるほど…1000mが2分半《ふんはん》だから時速《じそく》で表《あらわ》すと…えっと〜…
わかりませんっ!!
あきらめないあきらめない!
そういうときはまず1分間《ぷんかん》にどれぐらいのきょりを進《すす》むか求《もと》めてみるんだ
2分半《ふんはん》で1000m進《すす》むから1分間《ぷんかん》だと?
きょり (m)
1000m
時間 (分)
1分
2分
2.5分
えっと…
1000mを2.5分《ふん》でわるから
1000÷2.5=400
1分間《ぷんかん》に400m進《すす》む速《はや》さです!
きょり (m)
400m
1000m
時間 (分)
1分
2分
2.5分
分速400m

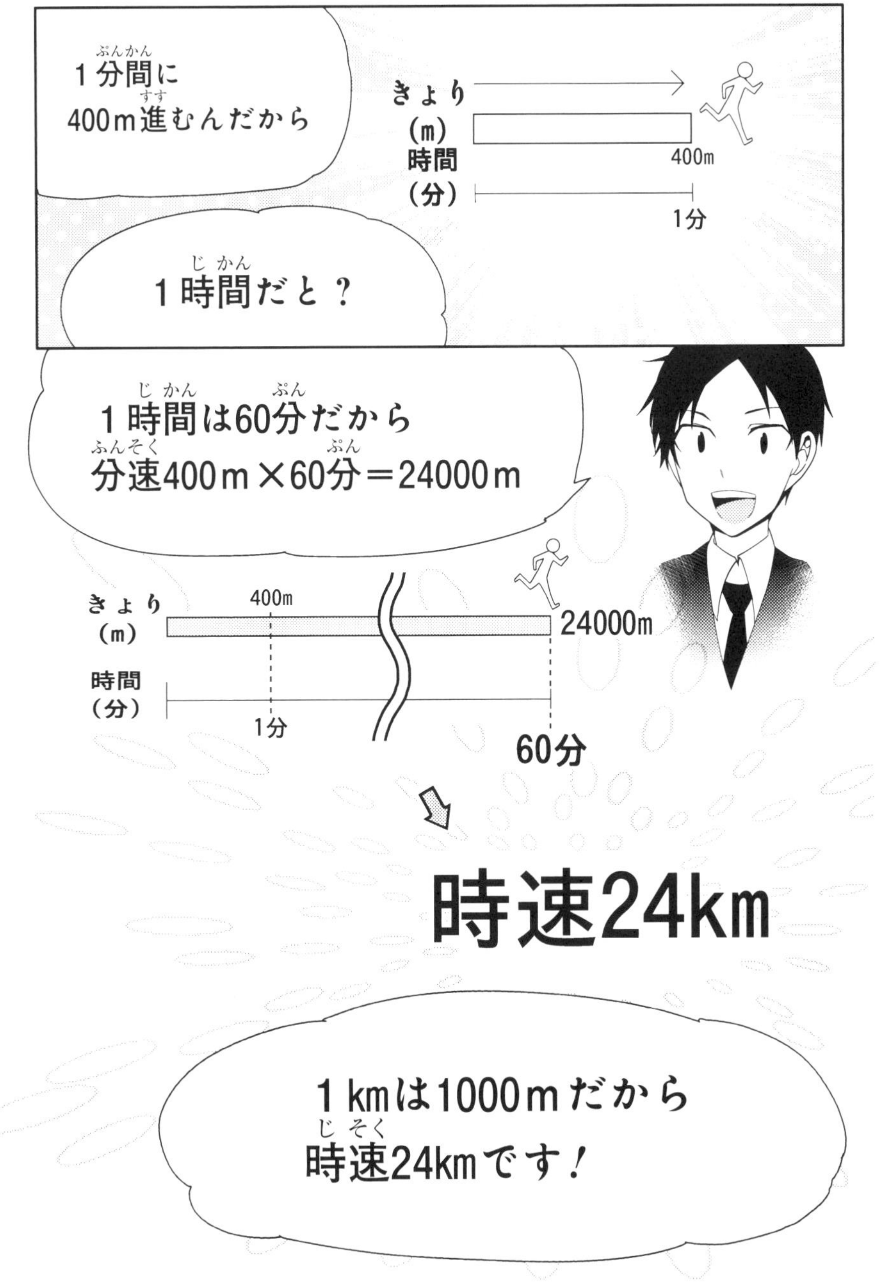
1分間《ぷんかん》に
400m進《すす》むんだから
きょり
(m)
400m
時間
(分)
1分
1時間《じかん》だと？
1時間《じかん》は60分《ぷん》だから
分速《ふんそく》400m×60分《ぷん》＝24000m
きょり
(m)
400m
24000m
時間
(分)
1分
60分
時速24km
1kmは1000mだから
時速《じそく》24kmです！

トラックは時速《じそく》35kmだから…トラックより遅《おそ》いですね
時速35km
時速24km
ご協力《きょうりょく》ありがとうございました
速水《はやみ》っ!
早《はや》く戻《もど》れ!ラストもう一本《いっぽん》いくぞ!
今度《こんど》こそ新記録《しんきろく》目指《めざ》して…
一瞬《いっしゅん》に全《すべ》てをかけろっ!
はい…コーチ…
…やはり犯人《はんにん》は自転車《じてんしゃ》の川島《かわしま》…?
…それじゃあ実験《じっけん》してみるか!
へ?

なんで僕《ぼく》が…
その新聞配達《しんぶんはいたつ》の自転車《じてんしゃ》で
時速《じそく》35kmをこえられるか
実際《じっさい》に走《はし》って調《しら》べるんだ
だから
なんで僕《ぼく》が!!
きょりは１km!
ゴールで旗《はた》をふったら
スタートだ
よーい
スタート!!
う、うおおお!!
00：01
00：08
00：25

01:35
だあああ!
01:45
01:59
ゴオォ〜〜〜ル!!
02:00
なかなか速《はや》かったぞ!
全力《ぜんりょく》を出《だ》し切《き》りました…
02:00
ちょうど2分《ふん》だな
イチ 時速《じそく》を計算《けいさん》してみよう
ハイ…
えっと2分《ふん》で1000m走《はし》ったんだから…
きょり
(m)
1000m
時間
(分)
1分
2分

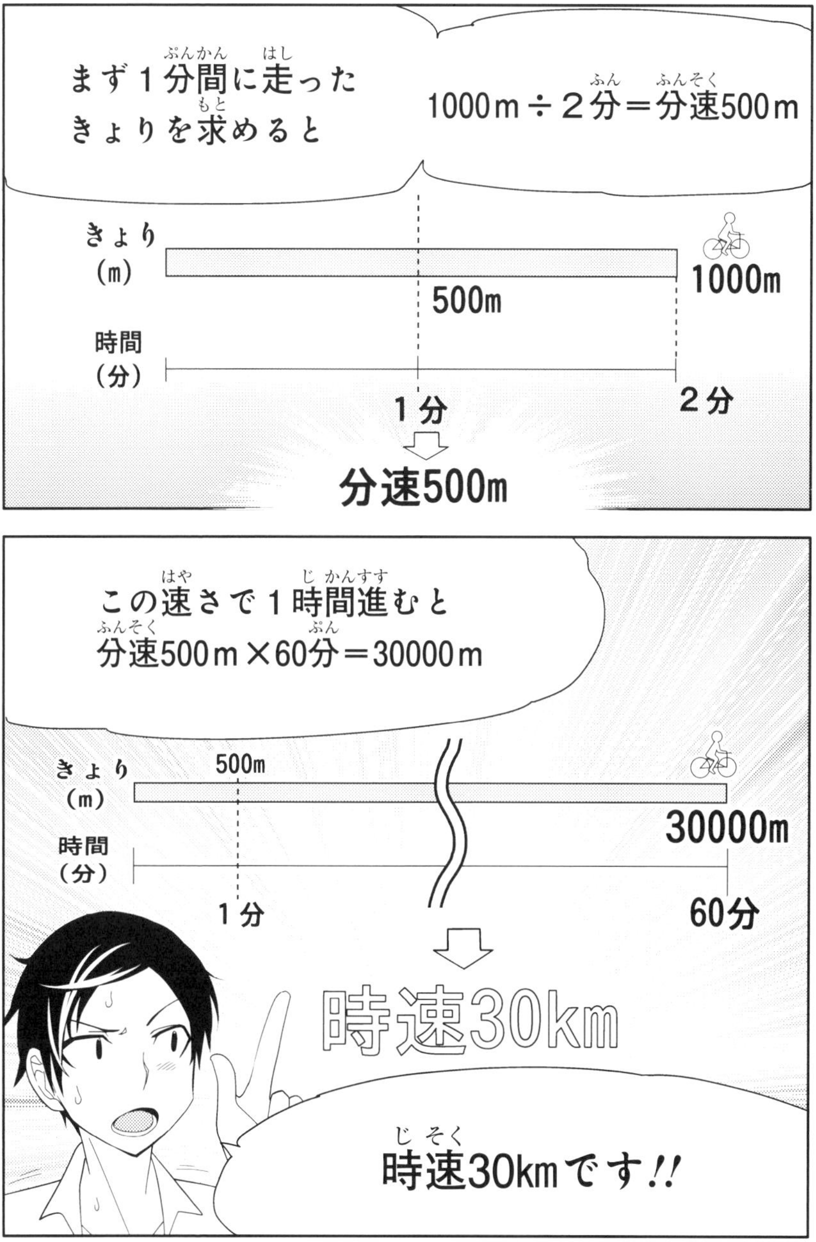
まず1分間《ぷんかん》に走《はし》った
きょりを求《もと》めると
1000m÷2分《ふん》＝分速《ふんそく》500m
きょり
(m)
500m
1000m
時間
(分)
1分
2分
分速500m
この速《はや》さで1時間《じかん》進《すす》むと
分速《ふんそく》500m×60分《ぷん》＝30000m
きょり
(m)
500m
30000m
時間
(分)
1分
60分
時速30km
時速《じそく》30kmです!!

トラックより遅《おそ》いな…
陸上選手《りくじょうせんしゅ》でも自転車《じてんしゃ》でもムリじゃ誰《だれ》にもできないですね…
う〜ん
一瞬《いっしゅん》に全《すべ》てをかけろっ!
…そうか そういうことか…!
やっぱりな…
全日本
学生陸上競技大会
短距離 200m
優勝
速水 健

速水《はやみ》さん
ビクッ
先日《せんじつ》の大会《たいかい》であなた優勝《ゆうしょう》されたそうですね
刑事《けいじ》さん…！ あ、はい…そうなんです…
でも…
あなたが優勝《ゆうしょう》したのは1000m走《そう》ではなく200m走《そう》…
あなたは短《みじか》い時間《じかん》に全力《ぜんりょく》を出《だ》しつくす短距離走《たんきょりそう》タイプだ
1kmの間《あいだ》ずっとトラックより速《はや》い必要《ひつよう》はないんです
ごく短《みじか》い間《あいだ》トラックより速《はや》ければトラックに追《お》いつけるんです

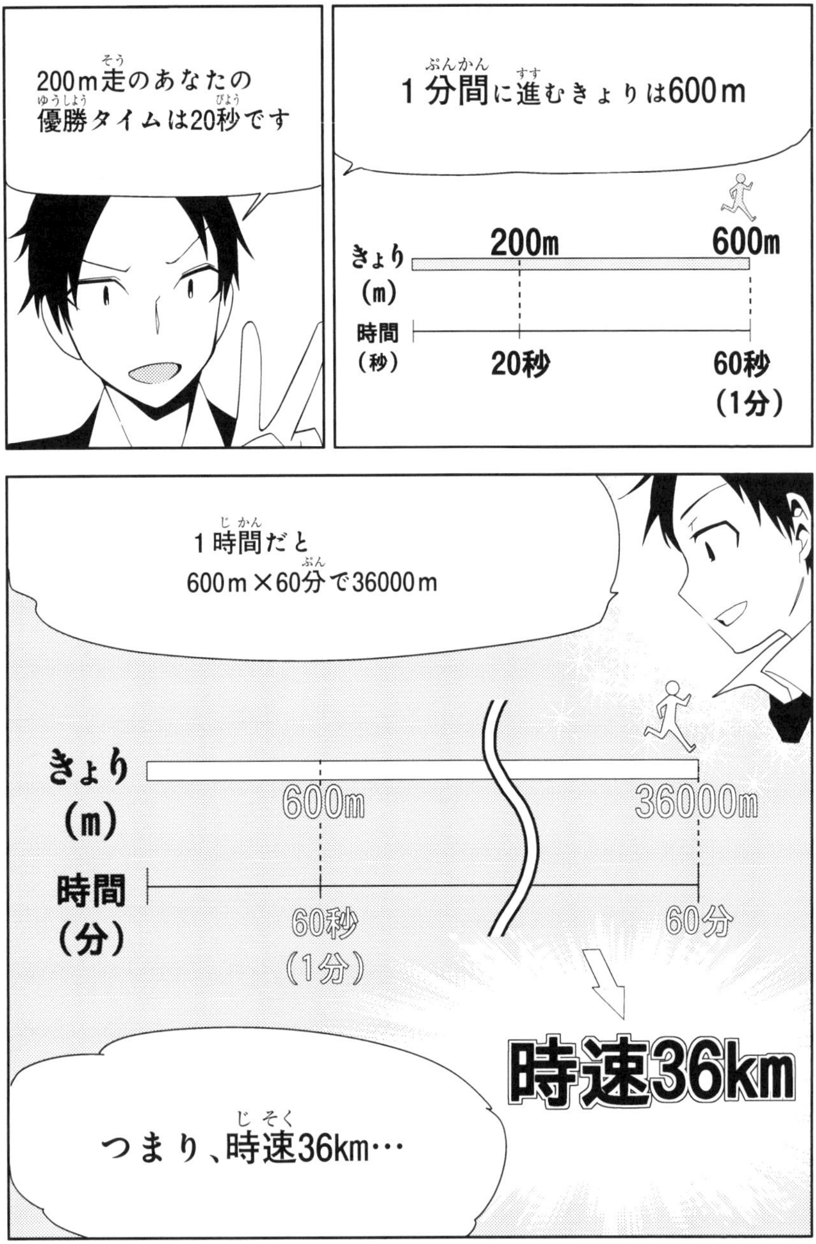
200m走《そう》のあなたの優勝《ゆうしょう》タイムは20秒《びょう》です
1分間《ぷんかん》に進《すす》むきょりは600m
きょり
(m)
200m
600m
時間
(秒)
20秒
60秒
(1分)
1時間《じかん》だと
600m×60分《ぷん》で36000m
きょり
(m)
600m
36000m
時間
(分)
60秒
(1分)
60分
時速36km
つまり、時速《じそく》36km…

時速《じそく》35kmのトラックより
速《はや》いんです
時速35km
時速36km
あなたはトラックに追《お》いこされた直後《ちょくご》スパートをかけて…
トラックに追《お》いつき荷台《にだい》からメロンを盗《ぬす》みだした
ちがいますか！
速水《はやみ》…
ヨロ‥
コーチ…！

なんでだよ!
お前《まえ》…なんで
そんなこと…!
すみません…
大会《たいかい》で勝《か》たないとって…ずっと
プレッシャーでつらくて
ストレス発散《はっさん》したくて…
急《いそ》ぎすぎて
道《みち》をあやまったようですね
うぅ…ぼくは…
取《と》り返《かえ》しのつかないことを…
間違《まちが》った道《みち》は
引《ひ》き返《かえ》せばいいんです——
つづく

第9回 価格《かかく》の“からくり”をあばけ

〈単位量《たんいりょう》あたりの大《おお》きさ〉

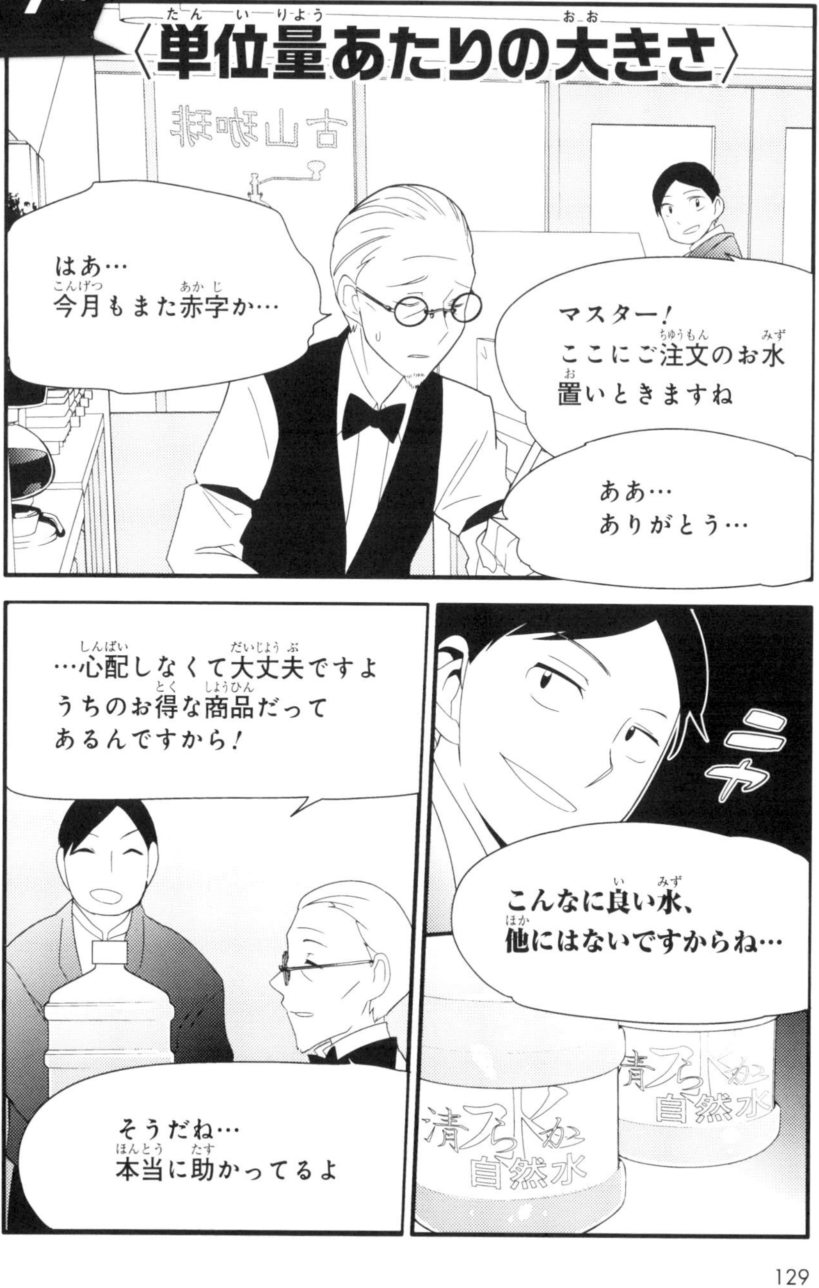

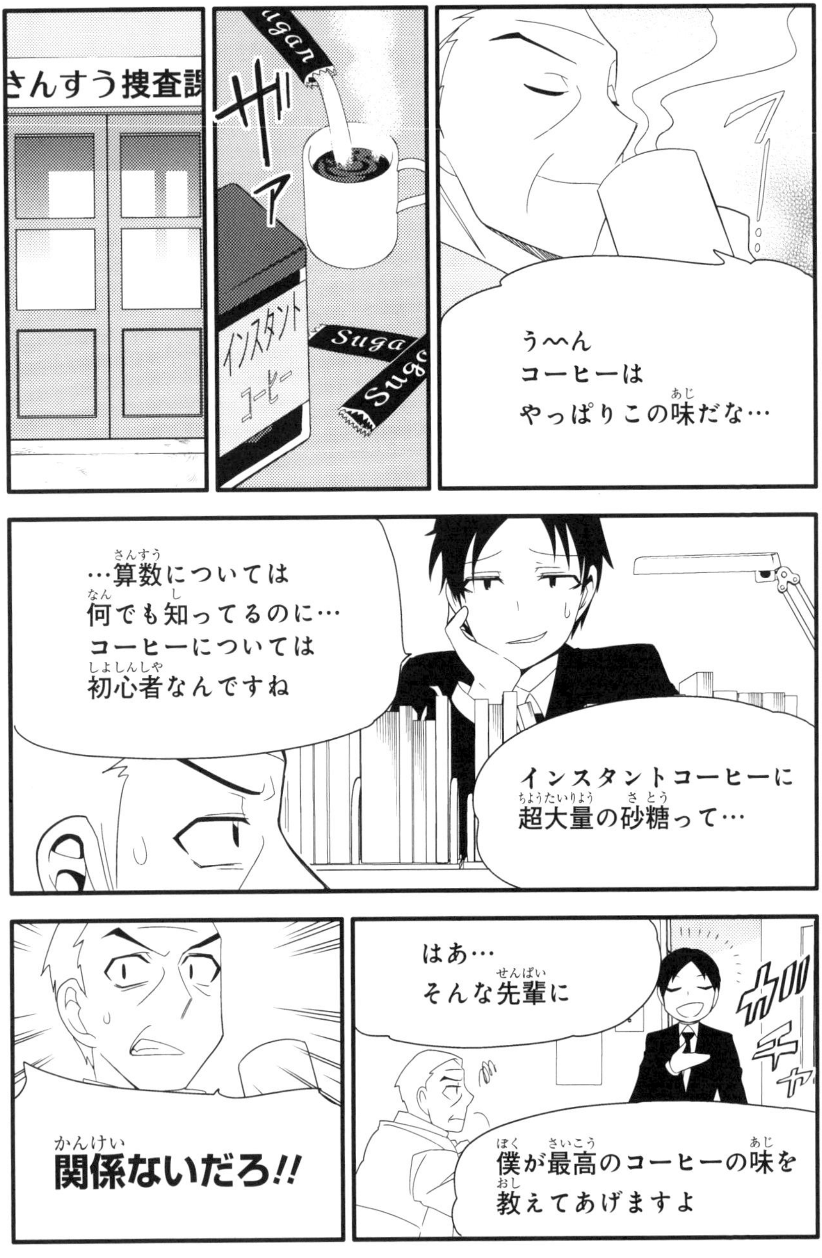
さんすう捜査課
ザァ
Sugar
インスタントコーヒー
Suga
Suga
う〜ん
コーヒーは
やっぱりこの味《あじ》だな…
…算数《さんすう》については
何《なん》でも知《し》ってるのに…
コーヒーについては
初心者《しょしんしゃ》なんですね
インスタントコーヒーに
超大量《ちょうたいりょう》の砂糖《さとう》って…
関係《かんけい》ないだろ!!
はあ…
そんな先輩《せんぱい》に
ガチャ
僕《ぼく》が最高《さいこう》のコーヒーの味《あじ》を
教《おし》えてあげますよ

古山珈琲
先輩《せんぱい》！
ここですよ！
このお店《みせ》はコーヒー豆《まめ》だけでなく
お水《みず》にまでこだわっている
お店《みせ》なんですよ
チリン
マスター！
いつもの！
いらっしゃい
古山珈琲店《ふるやまコーヒーてん》
古山真一《ふるやましんいち》
どうぞ
ん〜…
いい香《かお》り…
トポポポ
ポチャン
ポチャン

先輩《せんぱい》…
砂糖《さとう》なんか入《い》れたら味《あじ》わかんなくなっちゃいますよ
いいだろ!?
好《す》きな飲《の》み方《かた》で飲《の》めば!
くす。。
うまいな…
ハア……
何《なに》かあったんですか？
マスターさっきから
元気《げんき》ないみたいですけど…
実《じつ》は…
今月末から休業いたします
長い間ありがとうございました
店主 古山

…休業《きゅうぎょう》!?
どうして…!?
いつの頃《ころ》からか
お金《かね》がどんどん
出《で》ていってしまって…
経営《けいえい》が苦《くる》しくて…店《みせ》をこのまま
続《つづ》けるのは難《むずか》しいんです…
うちのコーヒーを
楽《たの》しんでくれている
お客様《きゃくさま》もいるので
店《みせ》は閉《し》めたくは
ないんですがね…
…ん？
数字《すうじ》のにおいが
するな……
マスター！
ちょっと帳簿《ちょうぼ》みせて
頂《いただ》けますか？
あ…あぁ…
ペラ
売上

…水《みず》だけで月《つき》に…
ガス
水道
14380
13800
自然水
12000
210000
21万円《まんえん》!?
水《みず》はウチの売《う》りですからね…
自然水
おや？ でも半年前《はんとしまえ》は18万円《まんえん》だったんですね…？
売上表
水《みず》が値上《ねあ》がりしたんですか？
いえ…上《あ》がるどころか下《さ》がっています
え…でも…
前《まえ》は水《みず》のボトル５本《ほん》セットで12000円《えん》で買《か》っていたんです
水
水
水
水
水
５本 → 12000円

それが…半年前《はんとしまえ》に業者《ぎょうしゃ》さんが10本《ぽん》で21000円《えん》の新《しん》ボトルを紹介《しょうかい》してくれて——
古いボトル
5本 → 12000円
新しいボトル
10本→ 21000円
水
水
うちもまとめて買《か》ってもらった方《ほう》が助《たす》かるんですよ!
水《みず》の販売業者《はんばいぎょうしゃ》
金田《かねだ》 満《みつる》
チャポン
新《あたら》しいボトルも前《まえ》のボトルと同《おな》じ品質《ひんしつ》だし
水
水
味《あじ》も変《か》わりませんよ
ためしに飲《の》んで下《くだ》さいよ
トポポ
コク
…うん、これなら大丈夫《だいじょうぶ》だ!

5本《ほん》で12000円《えん》ということは1本《ぽん》あたりいくらだ？
え〜
12000÷5＝2400だから…1本《ぽん》あたり2400円《えん》です
10本《ぽん》で21000円《えん》ということは？
21000÷10＝2100で1本《ぽん》あたり2100円《えん》か…
12000÷5=2400
1本あたり
2400円
21000÷10=2100
1本あたり
2100円
たしかに値《ね》下《さ》がりしてますね…
コーヒーを出《だ》す量《りょう》がふえたってことは…？
売《う》り上《あ》げは変《か》わってないんです
ですから使《つか》う水《みず》の量《りょう》も変《か》わってないはずですが…

帰《かえ》り道《みち》

値段《ねだん》は下《さ》がってるのに
出費《しゅっぴ》はふえてるなんて…
あきらめない
あきらめない！
こういう
ときは…
Coffee
コーヒー
コーヒー
1本　80円
1本《ぽん》80円《えん》!!
Coffee
コーヒー
コーヒーでも買《か》って
リフレッシュだ！
あ！
先輩《せんぱい》!!
これ1本《ぽん》75円《えん》ですって！
こっちの方《ほう》が安《やす》いですよ！
今ならお得！
激安コーヒー
75円
イチ、安《やす》いからって
すぐ飛《と》びついちゃダメだ
分量《ぶんりょう》をよく見《み》てみろ！
こっちのコーヒーは
400mLで80円《えん》
Coffee
コーヒー
400mL ⇨ 80円

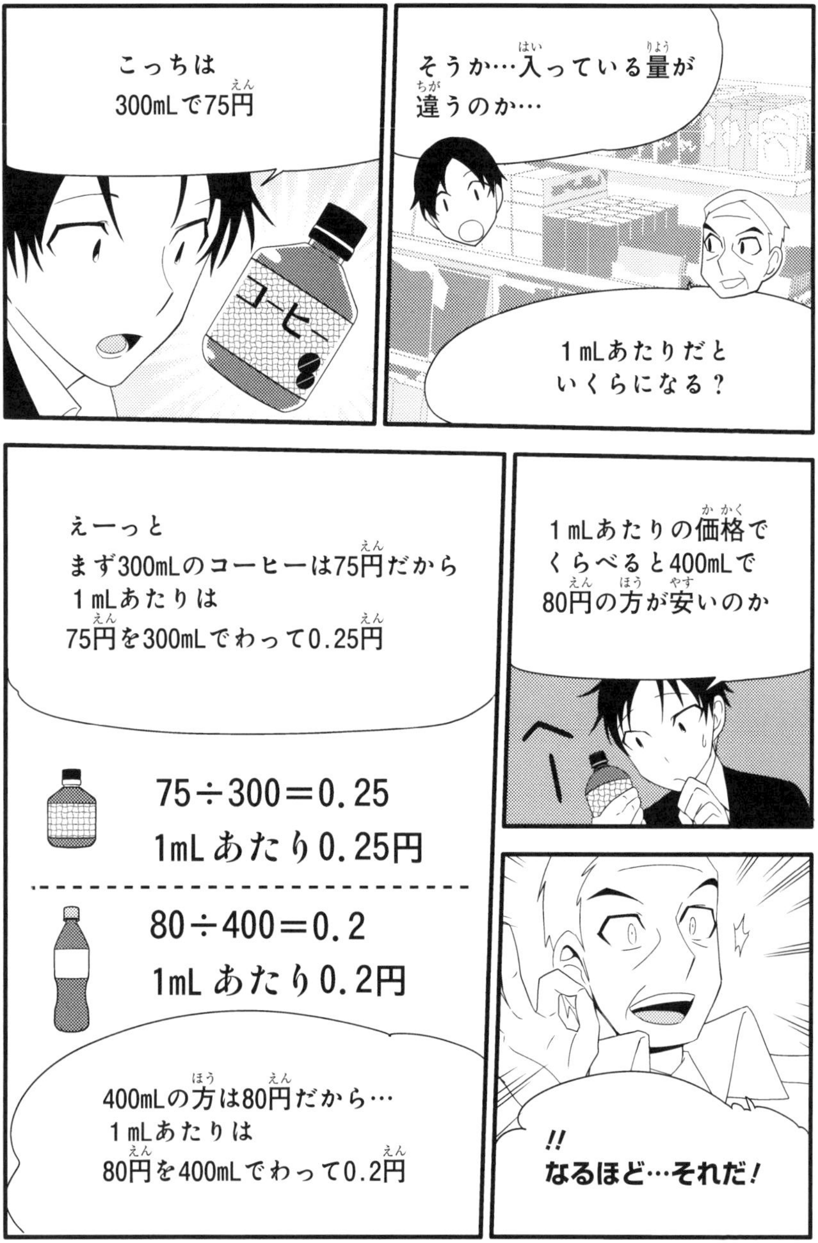
こっちは
300mLで75円《えん》
コーヒー
そうか…入《はい》っている量《りょう》が
違《ちが》うのか…
1mLあたりだと
いくらになる？
えーっと
まず300mLのコーヒーは75円《えん》だから
1mLあたりは
75円《えん》を300mLでわって0.25円《えん》
75÷300＝0.25
1mLあたり0.25円
80÷400＝0.2
1mLあたり0.2円
400mLの方《ほう》は80円《えん》だから…
1mLあたりは
80円《えん》を400mLでわって0.2円《えん》
1mLあたりの価格《かかく》で
くらべると400mLで
80円《えん》の方《ほう》が安《やす》いのか
!!
なるほど…それだ！

警察《けいさつ》です　そのボトルを少《すこ》し　お借《か》りしてもよろしいですか
いや…
これは商品《しょうひん》なので…
え…
お店《みせ》の許可《きょか》は　取《と》ってあります
マスター……!

キャポーン!
ジョボボ
ドボ
ちょ…ちょっと
な、なに
やってるんですか!?
このペットボトルは
1本《ぽん》に1L入《はい》ります
マスターが使《つか》っている
ボトルが20L入《い》りなら
ドボボ
このペットボトルは
20本必要《ぽんひつよう》なはずですが…
…全部《ぜんぶ》で15本分《ほんぶん》です
15本

え!?
あなたが半年前《はんとしまえ》まで売《う》っていたボトルは確《たし》かに20L入《はい》ります
この2つのボトル ちょっと見《み》ただけでは容量《ようりょう》の違《ちが》いに気《き》がつきません
しかし新《あたら》しいボトルには実《じつ》は15Lしか入《はい》らないのです
水
新しいボトル
水
古いボトル
古《ふる》いボトルの価格《かかく》は…

1本《ほん》あたり20L入《い》りで
2400円《えん》
20L
2400÷20＝120
1Lあたり 120円
1Lあたりの価格《かかく》は
2400円《えん》を20Lでわって120円《えん》です
新《あたら》しいボトルの
価格《かかく》は1本《ほん》あたり
2100円《えん》
20L
15L
でも実《じつ》は
15L入《い》りなので
1Lあたりの価格《かかく》は2100円《えん》を15Lで
わって140円《えん》…
20L
2400÷20＝120
1Lあたり 120円
15L
2100÷15＝140
1Lあたり 140円
高い
新《あたら》しいボトルの方《ほう》が
高《たか》かったのです！

あなたはマスターに
新《あたら》しいボトルでたくさん買《か》う方《ほう》が
得《とく》だともちかけた
へ〜〜っ!!
しかし新《あたら》しいボトルは以前《いぜん》より
少《すく》ない量《りょう》の水《みず》しか入《はい》らないんです!
形《かたち》を変《か》えることで見《み》た目《め》を
ごまかしたんですね!
ビクッ

…すみませんでした！
金《かね》田《だ》君《くん》…
でも…これで店《みせ》を立《た》て直《なお》せるかもしれません
……ゼロさん、イチさん ありがとうございました
がんばってください
おいしいコーヒーにははかることのできない価値《かち》がありますからな！
さとういれすぎです！

つづく

第10回 分数《ぶんすう》詐欺《さぎ》のトリックを見破《みやぶ》れ

〈分母《ぶんぼ》が異《こと》なるたし算《ざん》〉

さんすう捜査
ペリペリ
なんだあ？
また昼飯《ひるめし》にタルトか？
最近毎日《さいきんまいにち》のように
買《か》ってくるな
はは〜ん…さてはお店《みせ》に
お目当《めあ》ての女《おんな》の子《こ》でもいるな？
ち、違《ちが》いますよ！
それよりみて下《くだ》さい！
このタルトの大《おお》きさ！
おお！
本当《ほんとう》に大《おお》きなタルトだな
このお店《みせ》は、1コ2コじゃなくて
1ホールの何分《なんぶん》の何《なに》って
注文《ちゅうもん》をするんですよ
これは1ホールの
$\frac{1}{3}$です

ふーん…じゃ、俺《おれ》はそばを食《た》べに行《い》ってくるから何《なに》かあったら連絡《れんらく》するんだぞ
ガチャ
は〜い
いっただっきまあーす！
ゼロ、イチ事件《じけん》よ
ふぁいっ！
洋菓子店《ようがしてん》のタルト・グランデから通報《つうほう》があったわ
レジのお金《かね》が足《た》りないそうなの店長《てんちょう》はアルバイトの水川《みずかわ》ふたばが盗《ぬす》んだのではとうたがってるわ
欧風洋
Tart G
art Grande

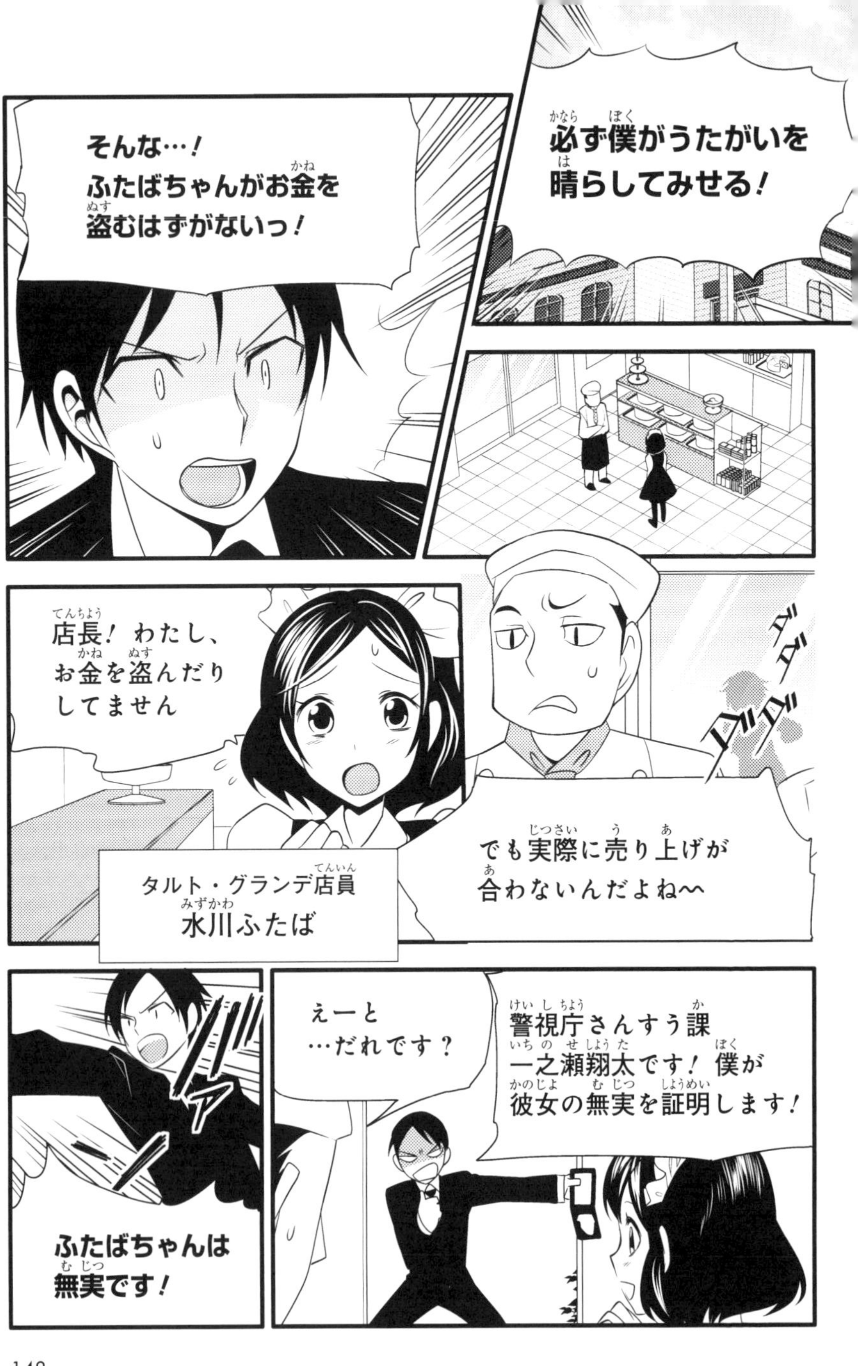
そんな…！
ふたばちゃんがお金《かね》を
盗《ぬす》むはずがないっ！
必《かなら》ず僕《ぼく》がうたがいを
晴《は》らしてみせる！
店長《てんちょう》！ わたし、
お金《かね》を盗《ぬす》んだり
してません
タルト・グランデ店員《てんいん》
水川《みずかわ》ふたば
でも実際《じっさい》に売《う》り上《あ》げが
合《あ》わないんだよね～
ふたばちゃんは
無実《むじつ》です！
えーと
…だれです？
警視庁《けいしちょう》さんすう課《か》
一之瀬翔太《いちのせしょうた》です！ 僕《ぼく》が
彼女《かのじょ》の無実《むじつ》を証明《しょうめい》します！

うーん ふたばちゃん
レジから離《はな》れたり 代金《だいきん》をもらい忘《わす》れたりは してない？
いいえ…
じゃあ… 代金《だいきん》をまちがえた のかなあ…
確《たし》かに計算《けいさん》には 迷《まよ》ってたんですが
親切《しんせつ》なお客様《きゃくさま》が 教《おし》えてくださって…
教《おし》えて くれたって…
どんな風《ふう》に？
えーと、確《たし》か買《か》ったのが いちごタルト$\frac{1}{2}$とチョコタルト$\frac{1}{4}$で…
$\frac{1}{2}+\frac{1}{4}=\frac{2}{6}$
分子《ぶんし》は1＋1で2 分母《ぶんぼ》は2＋4で6 合《あ》わせて$\frac{2}{6}$って
$\frac{2}{6}$は 約分《やくぶん》すると$\frac{1}{3}$
…それだ！
この計算《けいさん》が まちがってるんだ！

東大吉《あずまだいきち》さん!
なんですか急《きゅう》によびだして…
大学生《だいがくせい》
東大吉《あずまだいきち》
あなたは算数《さんすう》が苦手《にがて》なアルバイトにうその計算《けいさん》を教《おし》え代金《だいきん》をごまかしましたね
あなたは$\frac{1}{2}+\frac{1}{4}$の答《こた》えを$\frac{2}{6}$と教《おし》えた
$\frac{1}{2}+\frac{1}{4}=\frac{2}{6}$
でも正《ただ》しくは…
いやいや何《なに》を根拠《こんきょ》に？
この場合《ばあい》は、分母《ぶんぼ》を4にして$\frac{2}{4}+\frac{1}{4}$
$\frac{1}{2}+\frac{1}{4}=\frac{2}{4}+\frac{1}{4}=\frac{3}{4}$
通分
答《こた》えは$\frac{3}{4}$なんです!
おぉー!!
分母《ぶんぼ》がちがう分数《ぶんすう》のたし算《ざん》では通分《つうぶん》してから計算《けいさん》します
$\frac{1}{2}+\frac{1}{4}$

さすがさんすう課《か》の刑事《けいじ》さん！
いえいえっ
ちょっとまってください！
なんで分母《ぶんぼ》を4にするんでしょうか
へ？
いやそれは決《き》まりなんで…
分数《ぶんすう》をたし算《ざん》するときは通分《つうぶん》するってルールがあるんです
う〜ん それじゃ理由《りゆう》になってないなあ
だってあなたさんすう課《か》ですよね
だったら理屈《りくつ》をつけて説明《せつめい》しないと〜
それは…
あれれれ？ もしかして出来《でき》ないんですかあ？
ニヤ
ニヤ
だったらぼくが正解《せいかい》をお見《み》せしましょう このチョコを使《つか》ってね

おまけに算数《さんすう》の説明《せつめい》もできなかったそうじゃない!!
さんすう課《か》の名《な》にかけて必《かなら》ず事件《じけん》を解決《かいけつ》するのよ!
イチ!
一人《ひとり》で捜査《そうさ》をしたの!?
なんだこの計算《けいさん》は!明《あき》らかにまちがってるじゃないか
$\frac{1}{2}+\frac{1}{4}=\frac{2}{6}$
でも説明《せつめい》されればされるほど正《ただ》しいような気《き》がしてきて…
実《じつ》は…
$\frac{1}{2}+\frac{1}{4}=\frac{2}{6}$
キュ
イチ!
ごめんなさい!
$\frac{1}{2}$は…、チョコ2つのうち黒《くろ》いチョコが1つ
$\frac{1}{2}$
$\frac{1}{4}$
$\frac{1}{4}$は、チョコ4つのうち黒《くろ》いチョコが1つ
このチョコを使《つか》って説明《せつめい》されたんです…

それを合《あ》わせると
チョコ6つのうち黒《くろ》いチョコが2つ
白
黒
つまり、$\frac{2}{6}$なんです！
なんで
こうなっちゃうんだろう…
あきらめない
あきらめない
このやり方《かた》は分数《ぶんすう》の
大事《だいじ》なことをわすれているんだ
大事《だいじ》なこと？
分数《ぶんすう》では、もとの大《おお》きさである
1が同《おな》じ大《おお》きさじゃないといけない
全体《ぜんたい》を1とすると
黒《くろ》のチョコは全体《ぜんたい》の$\frac{1}{2}$
$\frac{1}{2}$
1
さんすう

もう一方《いっぽう》も、全体《ぜんたい》を１とすると
黒《くろ》のチョコは全体《ぜんたい》の$\frac{1}{4}$
$\frac{1}{4}$
1
$\frac{1}{2}$
1
$\frac{1}{4}$
1
あれ？
１としたものの大《おお》きさがちがう!?
その通《とお》り！
同《おな》じ大《おお》きさにするには…
あぁっ！
これで名誉挽回《めいよばんかい》だ！
あの刑事《けいじ》、さんすう課《か》なのに算数《さんすう》ができないなんてね〜
季節のフルーツタルト
あははあはは!!

そんなにおかしいですかな？
もう一度《いちど》さんすう課《か》の説明《せつめい》を聞《き》いてください！
どうせまたルールがあるとかいうんでしょ
これをみてください
ん？
だから…答《こた》えは$\frac{2}{6}$でしょ？
1/2
1
1/4
1
いいえ!!
あなたのやり方《かた》ではもとの大《おお》きさである——
1としたものの大《おお》きさがちがっていたんです
このままでは計算《けいさん》できません

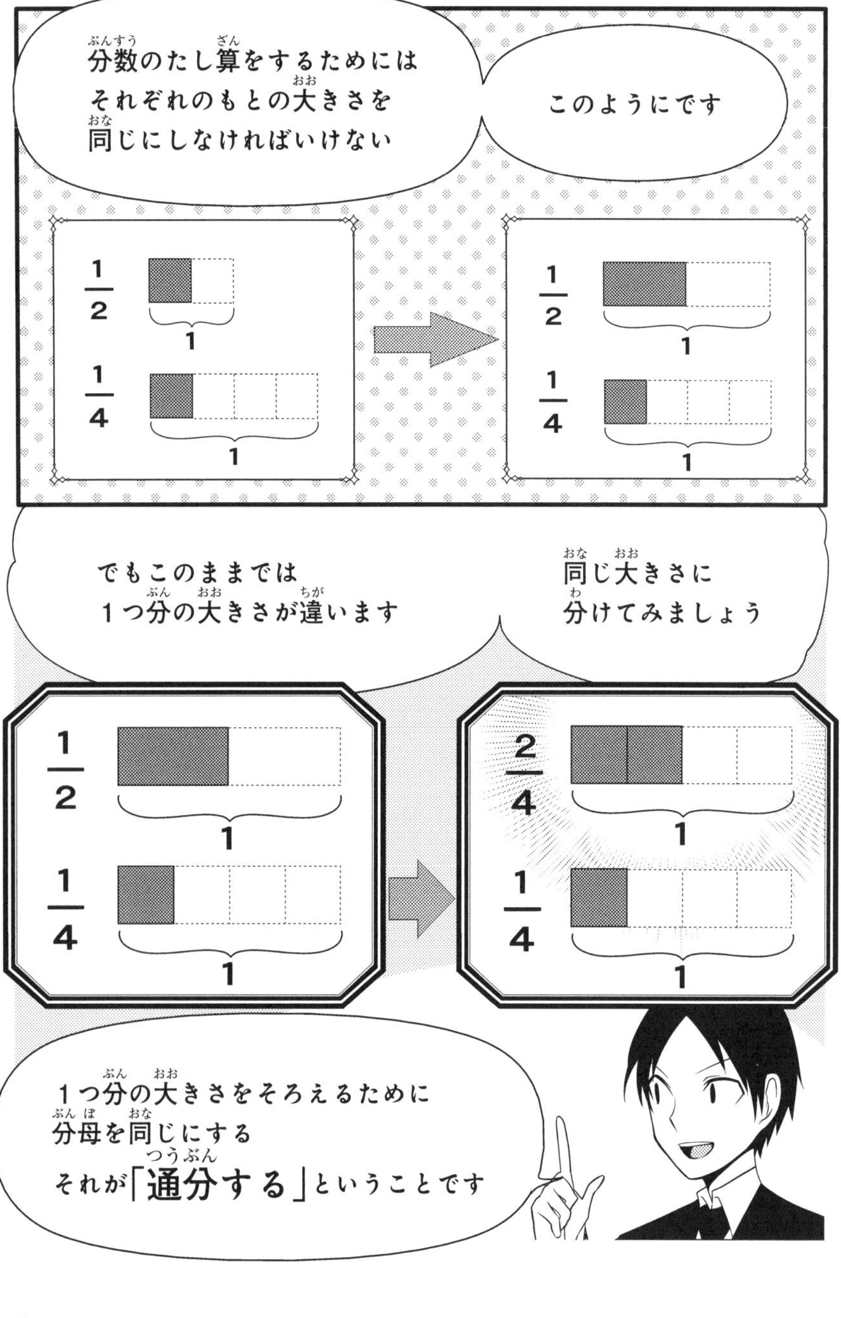

分数《ぶんすう》のたし算《ざん》をするためには
それぞれのもとの大《おお》きさを
同《おな》じにしなければいけない
このようにです
1/2
1
1/4
1
1/2
1
1/4
1
でもこのままでは
１つ分《ぶん》の大《おお》きさが違《ちが》います
同《おな》じ大《おお》きさに
分《わ》けてみましょう
1/2
1
1/4
1
2/4
1
1/4
1
１つ分《ぶん》の大《おお》きさをそろえるために
分母《ぶんぼ》を同《おな》じにする
それが「通分《つうぶん》する」ということです

そして $\frac{2}{4}$ と $\frac{1}{4}$ をたすということは…

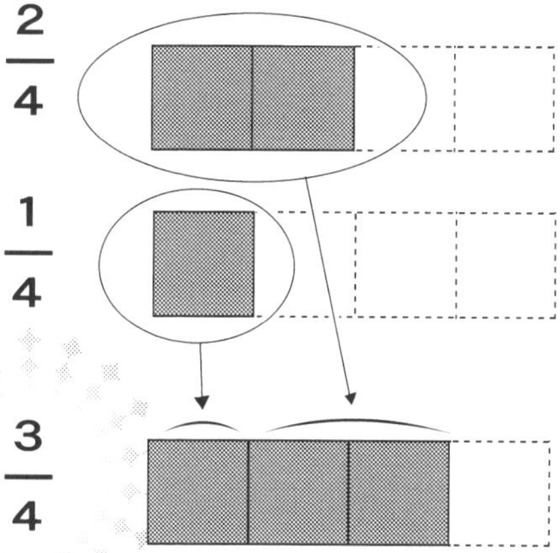
$\frac{2}{4}$
$\frac{1}{4}$
$\frac{3}{4}$

2つと1つを合《あ》わせて $\frac{3}{4}$ になります

こんなの…
画像《がぞう》を使《つか》った
トリックだよ!!
答《こた》えが
変《か》わった〜!!
ふたばさん
どうぞ
では…
実際《じっさい》のタルトで
試《ため》してみましょう

$\frac{1}{2}$と$\frac{1}{4}$を合《あ》わせると…
あ！ $\frac{3}{4}$になりました！
そう…それなのにあなたは $\frac{2}{6}$…つまり$\frac{1}{3}$分《ぶん》しか 代金《だいきん》を払《はら》わなかった！
何《なに》か反論《はんろん》は？
ぼくの負《ま》けです
ガックリ
このトリックなら だませると思《おも》ったのに…
東大吉君《あずまだいきちくん》！
君《きみ》の考《かんが》えはこのタルトより あま～いですな！

END

さんすう刑事ゼロ

初回放送　2013年4月～2014年3月(全20回)
〈Eテレ月曜　午前9:10～9:20〉
〈Eテレ月曜　午後3:30～3:40〉　(再)

2014年度はEテレで毎週月曜日午前9:30～9:40で再放送！

番組ホームページ　http://www.nhk.or.jp/sansuu/keiji/

※放送日時は変更になる場合があります。

出　演　モロ師岡(ゼロ・善田良郎)　加藤慶祐(イチ・一之瀬翔太)ほか
脚　本　大塩哲史　千葉美鈴
企画協力　稲垣悦子　東京学芸大学附属世田谷小学校教諭
奥山貴規　立教小学校教諭
笠井健一　文部科学省初等中等教育局教育課程課教科調査官
坪田耕三　青山学院大学特任教授
守屋大貴　目黒区立八雲小学校教諭
制　作　NHK

初　出　すべて描き下ろし
本書は2013年4月～9月に放送されたNHK Eテレ「さんすう刑事ゼロ(第1回～第10回)」をもとにしたコミックです。

角川《かどかわ》まんが学習《がくしゅう》シリーズ
まんがを読《よ》むだけで算数《さんすう》に強《つよ》くなる!
なぞ解《と》きミステリー **さんすう刑事《けいじ》ゼロ**

2014年7月7日　初版発行

編	NHK「さんすう刑事《けいじ》ゼロ」制作班《せいさくはん》
漫画	永地《えいち》
漫画制作協力	株式会社サイドランチ　担当／武楽 清　髙瀬正美
出版協力	樋野友三(JCM)
発行者	山下直久
発行所	株式会社KADOKAWA
	東京都千代田区富士見2-13-3　〒102-8177
	電話 03-3238-8521(営業)
	http://www.kadokawa.co.jp/
編集	角川書店
	東京都千代田区富士見1-8-19　〒102-8078
	電話 03-3238-8693(編集部)
装丁	須田杏菜
印刷所	図書印刷株式会社
製本所	本間製本株式会社

ISBN978-4-04-101612-1　C0979